班组安全行丛书

U0343526

高处作业安全知识

郭兆贵　　任彦斌　主编

中国劳动社会保障出版社

图书在版编目（CIP）数据

高处作业安全知识/郭兆贵，任彦斌主编. -- 北京：中国劳动社会保障出版社，2017

（班组安全行丛书）

ISBN 978-7-5167-3293-9

Ⅰ.①高…　Ⅱ.①郭…　②任…　Ⅲ.①高空作业-安全技术　Ⅳ.①TU744

中国版本图书馆 CIP 数据核字（2017）第 283359 号

中国劳动社会保障出版社出版发行

（北京市惠新东街 1 号　邮政编码：100029）

*

三河市华骏印务包装有限公司印刷装订　新华书店经销

880 毫米×1230 毫米　32 开本　4.875 印张　110 千字

2018 年 1 月第 1 版　2021 年 10 月第 5 次印刷

定价：18.00 元

读者服务部电话：(010)64929211/84209101/64921644

营销中心电话：(010)64962347

出版社网址：http://www.class.com.cn

内容简介

　　本书主要讲述高处作业人员应该掌握的相关安全知识。本书内容包括安全基础知识、登高架设作业、个体安全防护、安全防护设施、安全管理和事故应急救援五部分内容。

　　本书叙述简明扼要，内容通俗易懂，可作为班组安全生产教育培训的教材，也可供从事高处作业有关人员参考、使用。

前言

　　班组是企业最基本的生产组织，是实际完成各项生产工作的部门，始终处于安全生产的第一线。班组的安全生产状况，对于维持企业正常生产秩序，提高企业效益，确保职工安全健康和企业可持续发展具有重要意义。据统计，在企业的伤亡事故中，绝大多数属于责任事故，而这些责任事故 90% 以上又发生在班组。因此可以说，班组平安则企业平安；班组不安则企业难安。由此可见，班组的安全生产教育直接关系到企业整体的生产状况乃至企业发展的安危。

　　为适应各类企业班组安全生产教育培训的需要，中国劳动社会保障出版社特组织编写了"班组安全行丛书"。该丛书出版以来，受到广大读者朋友的喜爱，成为他们学习安全生产知识、提高安全技能的得力工具。近年来，很多法律法规、技术标准、生产技术都有了较大变化，不少读者通过各种渠道进行意见反馈，强烈要求对这套丛书进行改版。为了满足广大读者的愿望，我社决定对该丛书进行改版。改版后的丛书包括以下品种：

　　《安全生产基础知识（第二版）》《职业卫生知识（第二版）》《应急救护知识（第二版）》《个人防护知识（第二版）》《劳动权益与工伤保险知识（第三版）》《消防安全知识（第三版）》《电气安全知识（第二版）》《焊接安全知识（第二版）》《高处作业安全知识》《带电作业安全知识》《有限空间作业安全知识》《接尘作业

安全知识》，共计 12 分册。

该丛书主要有以下特点：一是具有权威性。丛书作者均为全国各行业长期从事安全生产、劳动保护工作的专家，既熟悉安全管理和技术，又了解企业生产一线的情况，因此，所写的内容准确、实用。二是针对性强。丛书在介绍安全生产基础知识的同时，以作业方向为模块进行分类，每分册只讲述与本作业方向相关的知识，因而内容更加具体，更有针对性，班组在不同时期可以选择不同作业方向的分册进行学习，或者，在同一时期选择不同分册进行组合形成一套适合作业班组使用的学习教材。三是通俗易懂。丛书以问答的形式组织内容，而且只讲述最常见的、最基本的知识和技术，不涉及深奥的理论知识，因而适合不同学历层次的读者阅读使用。

该丛书按作业内容编写，面向基层，面向大众，注重实用性，紧密联系实际，可作为企业班组安全生产教育的教材，也可供企业安全管理人员学习参考。

目录

V

VI

VII

高处作业安全基础知识

1. 什么是高处作业?

按照国家标准《高处作业分级》（GB/T 3608—2008）中的规定，凡在坠落高度基准面2 m以上（含2 m）有可能坠落的高处进行的作业，均称为高处作业。

2. 高处作业高度如何计算?

高处作业高度计算步骤如下：

（1）按照基础高度定义确定基础高度 h_b。

（2）按照上述的规定，根据 h_b 确定坠落半径 R。

（3）按照高处作业高度确定工作高度 h_w。

示例如图1—1所示，其中 $h_b = 20$ m，$R = 5$ m，$h_w = 20$ m。

3. 高处作业分哪些级别?

作业区各作业位置至相应坠落高度基准面的垂直距离的最大值，称为该作业区的高处作业高度，简称作业高度。

高处作业按照作业高度的不同，分为四级。高处作业高度在2 m以上至5 m时，称为一级高处作业；高处作业高度在5 m以上至

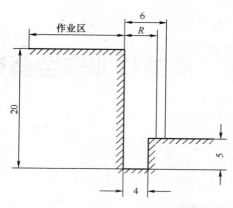

图1—1　高处作业高度

15 m 时，称为二级高处作业；高处作业高度在 15 m 以上至 30 m 时，称为三级高处作业；高处作业高度在 30 m 以上时，称为特级高处作业。

4. 高处作业包括哪些种类?

高处作业分为一般高处作业和特殊高处作业两种。

（1）一般高处作业。一般高处作业是指在正常作业环境下的各项高处作业，即特殊高处作业以外的高处作业。

（2）特殊高处作业：

1）强风高处作业。在阵风风力 6 级（风速 10.8 m/s）以上的情况下进行的高处作业，称为强风高处作业。

2）异温高处作业。在高温或者低温环境下进行的高处作业，称为异温高处作业。

3）雪天高处作业。降雪时进行的高处作业，称为雪天高处作业。

4）雨天高处作业。降雨时进行的高处作业，称为雨天高处作业。

5）夜间高处作业。室外完全采用人工照明进行的高处作业，称为夜间高处作业。

6）带电高处作业。在接近或接触带电体条件下进行的高处作业，称为带电高处作业。

7）悬空高处作业。在无立足或无牢靠立足点条件下进行的高处作业，称为悬空高处作业。

8）抢救高处作业。对突然发生的各种灾害事故进行抢救的高处作业，称为抢救高处作业。

5. 造成高处作业坠落事故的直接原因有哪些?

造成高处作业坠落事故的直接原因一般包括以下几种：

（1）阵风风力五级（风速 8.0 m/s）以上。

（2）《高温作业分级》（GB/T 4200—2008）规定的 II 级或者 II 级以上的高温作业。

（3）平均气温等于或者低于 5℃ 的作业环境。

（4）接触冷水温度等于或者低于 12℃ 作业。

（5）作业场地有冰、雪、霜、水、油等易滑物。

（6）作业场所光线不足，能见度差。

（7）作业活动范围与危险电压带电体的距离小于表 1—1 的规定。

表 1—1　　作业活动范围与危险电压带电体的距离

危险电压带电体的电压等级（kV）	距离（m）
≥10	1.7
35	2.9

危险电压带电体的电压等级（kV）	距离（m）
63~100	2.5
220	4.0
330	5.0
500	6.0

（8）立足处不是平面或只有很小的平面，即任一边小于 500 mm 的矩形平面、直径小于 500 m 的圆形平面或具有类似尺寸的其他形状的平面，致使作业者无法维持正常姿态。

（9）体力劳动强度过大。

（10）存在有毒气体或空气中含氧量低于 19.5% 的作业环境。

（11）可能会引起各种灾害事故的作业环境。

6. 高处作业施工有哪些基本规定?

建筑施工行业标准《建筑施工高处作业安全技术规范》（JGJ 80—2016）对建筑施工高处作业的安全作了基本规定，具体如下：

（1）高处作业的安全技术措施及其所需料具，必须列入工程的施工组织设计。

（2）单位工程负责人应对工程的高处作业安全技术负责并建立相应的责任制。施工前，应逐级进行安全技术教育及交底，落实所有安全技术措施和人身防护用品，未经落实时不得进行施工。

（3）高处作业中的安全标志、工具、仪表、电气设施和各种设备，必须在施工前检查，确认其完好，方能投入使用。

（4）攀登和悬空高处作业人员及搭设高处作业安全设施的人员，必须经过专业技术培训及专业考试合格，持证上岗，并必须定期进行体格检查。

（5）施工中对高处作业的安全技术设施，发现有缺陷和隐患时，必须及时解决；危及人身安全时，必须停止作业。

（6）施工作业场所有坠落可能的物件，应一律先行撤除或加以固定。

高处作业中所用的物料均应堆放平稳，不得妨碍通行和装卸。工具应随手放入工具袋；作业中的走道、通道板和登高用具应随时清扫干净；拆卸下来的物件及余料和废料均应及时清理运走，不得任意乱置或向下丢弃。传递物件禁止抛掷。

（7）雨天和雪天进行高处作业时，必须采取可靠的防滑、防寒和防冻措施。凡水、冰、霜、雪均应及时清除。

对进行高处作业的高耸建筑物，应事先设置避雷设施。遇有六级以上强风、浓雾等恶劣气候，不得进行露天攀登与悬空高处作业。暴风雪及台风暴雨后，应对高处作业安全设施逐一检查，发现有松动、变形、损坏或脱落等现象，应立即修理完善。

（8）因作业需要而临时拆除或变动安全防护设施时，必须经施工负责人同意，并采取相应的可靠措施，作业后应立即恢复。

（9）防护棚搭设与拆除时，应设警戒区，并应派专人监护。严禁上下同时拆除。

（10）高处作业安全设施的主要受力杆件，力学计算按一般结构力学公式，强度及挠度计算按现行的有关规范进行，但钢受弯构件的强度计算不考虑塑性影响，构造上应符合现行的相应规范的要求。

第二部分 登高架设作业

一、扣件式钢管脚手架

7. 什么是扣件式钢管脚手架？

扣件式钢管脚手架是指为建筑施工而搭设的、承受荷载的、由扣件和钢管等构成的脚手架与支撑架，其主要构配件如图2—1所示。

8. 扣件式脚手架搭设前应该做哪些准备工作？

（1）脚手架应当由建筑架子工搭设，建筑架子工属于特种作业人员，必须持住房和城乡建设部颁发的《建筑施工特种作业操作资格证书》，方可上岗。

（2）脚手架搭设前，应按专项施工方案向施工人员进行交底。

（3）应按规定和脚手架专项施工方案要求对钢管、扣件、脚手板、可调托撑等进行检查验收，不合格产品不得使用。

（4）经检验合格的构、配件应按品种、规格分类，堆放整齐、平稳，堆放场地不得有积水。

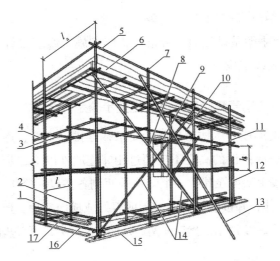

图 2—1　双排扣件式钢管脚手架各杆件位置

1—外立杆　2—内立杆　3—横向水平杆　4—纵向水平杆　5—栏杆

6—挡脚板　7—直角扣件　8—旋转扣件　9—连墙件　10—横向斜撑

11—主立杆　12—副立杆　13—抛撑　14—剪刀撑　15—垫板

16—纵向扫地杆　17—横向扫地杆

（5）应清除搭设场地杂物，平整搭设场地，并使排水畅通。

（6）脚手架地基与基础的施工，必须根据脚手架所受荷载、搭设高度、搭设场地土质情况与国家标准《建筑地基基础工程施工质量验收规范》（GB 50202—2002）的有关规定进行。

（7）压实填土地基应符合国家标准《建筑地基基础设计规范》（GB 50007—2011）的相关规定，灰土地基应符合国家标准《建筑地基基础工程施工质量验收规范》（GB 50202—2002）的相关规定。

（8）立杆垫板或底座底面标高宜高于自然地坪 50~100 mm。

（9）脚手架基础下有设备基础、管沟时，在脚手架使用过程中不应开挖，否则应当采取加固措施。

（10）做好设备与工具的准备。

（11）脚手架基础经验收合格后，应按施工组织设计或专项施工方案的要求放线定位。

9.扣件式钢管脚手架搭设的主要步骤是什么？

脚手架按形成基本构架单元的要求，逐排、逐跨、逐步地进行搭设。脚手架一次搭设的高度不应超过相邻连墙件以上二步。

封闭型脚手架可在其中一个转角的两侧各搭设一个 1~2 根杆长和 1 根杆高的架体，并按规定要求设置剪刀撑或横向斜撑，形成一个稳定的架体，如图 2—2 所示。然后向两边延伸搭设好后，再分步向上搭设。

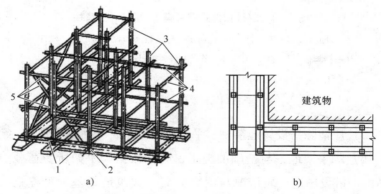

图 2—2　脚手架开始搭设示意图

a）轴测图　b）平面图

1—垫板　2—底座　3—立杆　4—水平杆　5—剪刀撑

（1）清理、检查基底，定位放线、铺垫板、设置底座或标定立杆位置。

（2）"一"字形脚手架应从一端开始并向另一端延伸搭设，周边脚手架应从一个角部开始并向两边延伸交圈搭设。

（3）放置纵向扫地杆（贴近地面的纵向水平杆）。

（4）按定位依次竖起立杆，将立杆与纵、横向扫地杆连接固定。

（5）装设第 1 步的纵向和横向平杆，随校正立杆垂直之后予以固定。

（6）按此要求继续向上搭设。

（7）搭设第 2 步后加设临时抛撑，每隔 6 个立杆设一道抛撑，待连墙件固定后拆除。

（8）架高 7 步以上时随施工进度逐步加设剪刀撑。剪刀撑、斜撑等整体拉结杆件和连墙件应随搭升的架子同时设置。

（9）每搭设完一步脚手架后，应当校正步距、纵距、横距和立杆垂直度。

（10）在操作层上铺脚手板，安装防护栏杆和挡脚板，挂设安全网。

10. 扣件式钢管脚手架如何拆除？

（1）拆除准备工作：

1）应全面检查脚手架的扣件连接、连墙件、支撑体系等是否符合构造要求，如果存在问题必须加固。

2）应清除脚手架上杂物及地面障碍物，如脚手板上的混凝土、砂浆块、U 形卡、活动杆子及材料。

3）应根据检查结果完善拆除方案，经批准后方可实施。

4）拆除前，工程项目要向拆架施工人员进行书面安全交底工作。交底要有记录，交底内容要有针对性，拆架子的注意事项必须讲清楚。

5）拆架前施工现场先拉好警戒围栏，现场技术管理人员和安全管理人员应对拆除作业进行巡查，及时纠正违章作业。

（2）拆除程序：

1）拆除脚手架严禁上下同时作业。架子拆除程序应由上而下，按层按步拆除。按照拆除架体原则，先拆后搭的杆件，先拆架面材料后拆构架材料、先拆结构件后拆附墙件的顺序。剪刀撑、连墙件不能一次性全部拆除，杆拆到哪一层，剪刀撑、连墙件才能拆到哪一层。

2）拆除脚手架一般应按如下工艺流程进行。

拆安全网→拆防护栏杆→拆挡脚板→拆脚手板→拆横向水平杆→拆纵向水平杆→拆剪刀撑→拆连墙件→拆立杆→杆件传递至地面→清除杆件→按规定堆码→拆横向水平杆→拆纵向水平扫地杆→底座→垫板。

11.脚手架拆除过程中需要注意哪些安全事项?

（1）拆除过程中，应指派一名责任心强、技术水平高的人员担任指挥，负责拆除工作的安全作业。

（2）作业人员要戴好安全帽、工作手套，穿防滑鞋上架作业，衣服要轻便，高处作业必须系安全带。

（3）拆杆和放杆时必须由 2～3 人协同操作，拆纵向水平杆时，应由站在中间的人将杆向下传递，下方人员接到杆拿稳拿牢后，上方人员才准松手，严禁往下乱扔脚手料具。

（4）拆架过程中遇有管线阻碍时，不得任意割移，同时要注意避免踩在滑动的杆件上操作。

（5）扣件必须从钢管上拆除，不准将扣件留在被拆下的钢管上。

（6）拆架人员应配备工具套，工具用后必须放在工具套内，手拿钢管时，不准同时拿扳手等工具。

（7）拆架时不准坐在架子上或不安全的地方休息，严禁在拆架时嬉戏打闹。

（8）拆除过程中如更换人员，必须重新进行安全技术交底。

（9）拆下来的杆件和扣件要随拆、随清、随运，并要分类、分堆、分规格码放整齐，要有防水措施，以防雨后生锈。

（10）严禁在夜间进行脚手架拆除作业。

（11）施工中存在问题的地方应及时与技术部门联系，以便及时纠正。

（12）在电力线路附近拆除脚手架时，应停电进行；不能停电时，应采取有效防护措施。

12. 悬挑式脚手架是什么？

扣件式分段悬挑钢管脚手架的基本形式如图 2—3 所示。根据悬挑支撑结构的不同，悬挑式脚手架可分为支撑杆式悬挑脚手架和挑梁式悬挑脚手架。

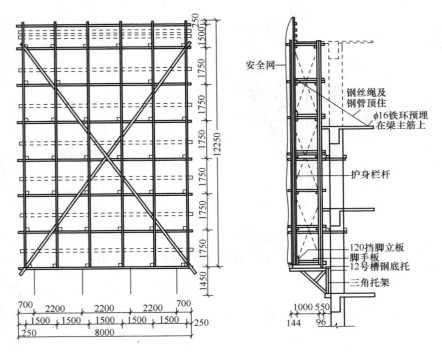

图 2—3　扣件式分段悬挑钢管脚手架的基本形式

（1）支撑杆式悬挑脚手架。支撑杆式悬挑脚手架的支撑结构直接用脚手架杆件搭设。

1）支撑杆式双排脚手架。如图 2—4 所示的支撑杆式双排悬挑脚手架的支撑结构为在内、外两排立杆上加设的斜撑杆，斜撑杆一般采用双钢管，而水平横杆加长后一端与预埋在建筑物结构中的铁环焊牢，脚手架所承受的荷载可以通过斜杆和水平横杆传递到建筑物上。

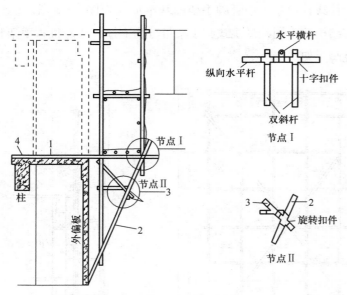

图 2—4　支撑杆式双排悬挑脚手架（一）

1—水平横杆　2—双斜撑杆　3—加强短杆　4—预埋铁环

图 2—5 所示悬挑脚手架的支承结构采用下撑上拉方法，在脚手架的内、外两排立杆上分别加设斜撑杆。斜撑杆的下端支在建筑结构的梁或楼板上，并且内排立杆斜撑杆的支点比外排立杆斜撑杆的支点高一层楼。斜撑杆上端用双扣件与脚手架的立杆相连接。此外，除采

用斜撑杆拉结外，还设置了吊杆，以增强脚手架的承载能力。

2）支撑杆式单排悬挑脚手架。图2—6所示支撑杆式单排悬挑脚手架的支撑结构为从窗口挑出横杆，并以斜撑杆支撑在下一层的窗台上。如无窗台，则可先在墙上留洞或预埋支托铁件，以支撑斜撑杆。

图2—7所示支撑杆式悬挑脚手架的支撑结构是从同一窗口挑出横杆并伸出斜撑杆，斜撑杆的一端支撑在楼面上。

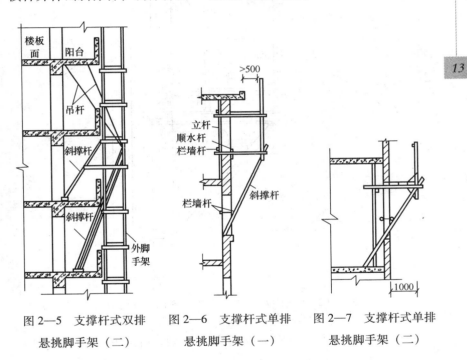

图2—5 支撑杆式双排　　图2—6 支撑杆式单排　　图2—7 支撑杆式单排
　　悬挑脚手架（二）　　　　悬挑脚手架（一）　　　　悬挑脚手架（二）

（2）挑梁式悬挑脚手架。挑梁式悬挑脚手架采用固定在建筑物结构上的悬挑梁（架），并以此为支座搭设脚手架，一般搭设双排脚手架。此类型脚手架最多可搭设20~30 m高，可同时进行2~3层作业，是目前较常用的脚手架形式。

1）下撑挑梁式。图2—8所示为下撑挑梁式悬挑脚手架的支撑结构。

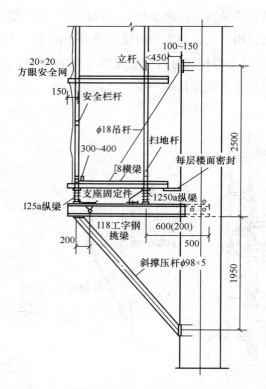

图2—8 下撑挑梁式悬挑脚手架的支撑结构

该脚手架在主体结构上预埋型钢挑梁，并在挑梁的外端加焊斜撑压杆构成悬挑架。各根挑梁之间的间距不大于6 m，并用两根型钢纵梁相连，然后在纵梁上搭设扣件式钢管脚手架。当挑梁的间距超过6 m时，可用图2—9所示的型钢桁架代替图2—8所示的挑梁、斜撑杆式悬挑脚手架，但该形式下挑梁的间距不宜大于9 m。

2）斜拉挑梁式。图2—10所示为斜拉挑梁式悬挑脚手架，以型钢作挑梁，其外端用钢丝绳（或钢筋）作斜拉杆。

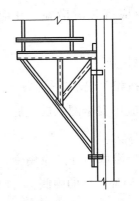 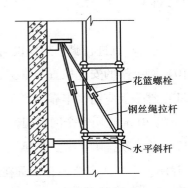

花篮螺栓

钢丝绳拉杆

水平斜杆

15

图2—9　桁架挑式悬挑脚手架　　图2—10　斜拉挑梁式悬挑脚手架

13. 扣件式钢管脚手架搭设安全管理的主要内容是什么?

（1）扣件式钢管脚手架安装与拆除人员必须是经考核合格的专业架子工。架子工应持证上岗。

（2）搭拆脚手架人员必须戴安全帽、系安全带、穿防滑鞋。

（3）脚手架的构、配件质量与搭设质量，应按规范进行检查验收，并应确认合格后使用。

（4）钢管上严禁打孔。

（5）作业层上的施工荷载应符合设计要求，不得超载。不得将模板支架、缆风绳、泵送混凝土和砂浆的输送管等固定在架体上；严禁悬挂起重设备，严禁拆除或移动架体上的安全防护设施。

（6）满堂支撑架在使用过程中，应设有专人监护施工，当出现异常情况时，应停止施工，并应迅速撤离作业面上人员。应在采取能确保安全的措施后，查明原因、做出判断和处理。

（7）满堂支撑架顶部的实际荷载不得超过设计规定。

（8）当有六级强风及以上风、浓雾、雨或雪天气时应停止脚手架搭设与拆除作业。雨、雪后上架作业应有防滑措施，并应扫除积雪。

（9）夜间不宜进行脚手架搭设与拆除作业。

（10）脚手架的安全检查与维护，应按相关规范进行。

（11）脚手板应铺设牢靠、严实，并应用安全网双层兜底。施工层以下每隔 10 m 应用安全网封闭。

（12）单、双排脚手架，悬挑式脚手架沿墙体外围应用密目式安全网全封闭，密目式安全网宜设置在脚手架外立杆的内侧，并应与架体结扎牢固。

（13）在脚手架使用期间，严禁拆除主节点处的纵、横向水平杆，纵、横向扫地杆，连墙件。

（14）当在脚手架使用过程中开挖脚手架基础下的设备或管沟时，必须对脚手架采取加固措施。

（15）满堂脚手架与满堂支撑架在安装过程中，应采取防倾覆的临时固定措施。

（16）临街搭设脚手架时，外侧应有防止坠物伤人的防护措施。

（17）在脚手架上进行电焊、气焊作业时，应有防火措施和专人看守。

（18）工地临时用电线路的架设及脚手架接地、避雷措施等，应按建筑施工行业标准《施工现场临时用电安全技术规范》（JGJ 46—2005）的有关规定执行。

（19）搭拆脚手架时，地面应设围栏和警戒标志，并应派专人看守，严禁非操作人员入内。

二、碗扣式钢管脚手架

14. 碗扣式钢管脚手架的碗扣节点由哪些构件组成?

碗扣式钢管脚手架是由碗扣接头及各种杆件组装而成的空间桁架结构，其核心构件是碗扣节点。立杆的碗扣节点由上碗扣、下碗扣、立杆、横杆接头和上碗扣限位销等构成，如图2—11所示。

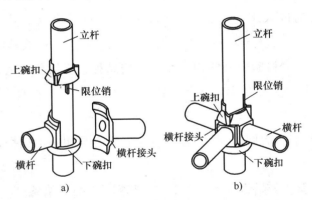

图2—11　碗扣节点构成

a）连接前　b）连接后

15. 碗扣式钢管脚手架搭设的基本流程是什么?

碗扣式钢管脚手架的搭设应当分段进行，每段搭设后必须经过检查验收合格后，方可投入使用。

脚手架搭设的工艺流程如下：放置垫板→立杆底座→立杆→横杆→斜杆→连墙件→接头锁紧→上层立杆→立杆连接销→横杆。

16. 碗扣式钢管脚手架搭设前应该做哪些准备?

脚手架搭设前要做好充分的准备工作，包括编制专项施工方案，安排足够的作业人员，检验构、配件以及进行施工现场处理等，而且要满足以下要求:

（1）搭设双排脚手架及模板支架前必须编制专项施工方案，并经批准后，方可实施。

（2）搭设双排脚手架前，施工管理人员应按脚手架专项施工方案的要求对操作人员进行技术交底。

（3）对进入现场的脚手架构、配件，使用前应对其质量进行复检。

（4）对经检验合格的构、配件应按品种、规格分类放置在堆料区内或码放在专用架上，清点好数量备用；堆放场地排水应畅通，不得有积水。

（5）当连墙件采用预埋方式时，应提前与相关部门协商，按设计要求预埋。

（6）脚手架搭设场地必须平整、坚实、有排水措施。

17. 碗扣式脚手架的地基和基础怎么处理?

（1）脚手架基础必须按专项施工方案进行施工，按基础承载力要求进行验收。

（2）当地基高低差较大时，可利用立杆 0.6 m 节点位差进行调整。

（3）土层地基上的立杆应采用可调底座和垫板。

（4）双排脚手架立杆基础验收合格后，应按专项施工方案的设计进行放线定位。

18. 碗扣式钢管脚手架如何搭设?

（1）接头组装。接头是立杆同横杆、斜杆的连接装置，应确保接头锁紧。组装时，先将上碗扣搁置在限位销上，将横杆、斜杆等接头插入下碗扣，使接头弧面与立杆密贴，待全部接头插入后，将上碗扣套下，并用锤子顺时针沿切线敲击上碗扣凸头，直至上碗扣被限位销卡紧不再转动为止。

（2）树立杆、安放扫地杆。基础验收合格后，按照专项施工方案设计的脚手架立杆位置进行放线定位。根据放线，安放立杆垫板和可调底座，树立杆。

垫板宜采用长度不少于立杆 2 跨、厚度不小于 50 mm 的木板，底座的轴线应当与地面垂直。

在地势不平的地基上，或者是高层的重载脚手架立杆应采用可调底座，以便调整立杆的高度，以便使立杆的碗扣接头都处于同一水平面上，如图 2—12 所示。

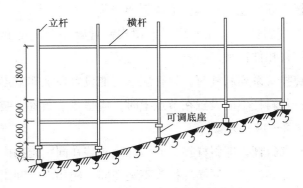

图 2—12　底层立杆在坡地的布置

在平整的地基上脚手架底层的立杆应选用不同长度的立杆互相交错，参差布置，使立杆的上端不在同一平面内，如图 2—13 所示。这样，搭上层架子时，在同一层中采用相同长度的同一规格的立杆接长时，其接头就会互相错开。

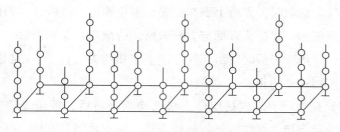

图 2—13　底层立杆在平地的布置

在树立杆时，应及时设置扫地杆，将所树立杆连成一整体，以保证架子整体的稳定。

（3）安装底层（第一步）横杆。碗扣式钢管脚手架的步高取 600 mm 的倍数，将横杆接头插入立杆的下碗扣内，然后将上碗扣沿限位销扣下，并顺时针旋转，靠上碗扣螺旋面使之与限位销顶紧，将横杆与立杆牢固地连在一起，形成框架结构。

（4）安装斜杆。斜杆可采用碗扣式钢管脚手架的配套斜杆，也可以采用钢管扣件代替。

当用碗扣式系列斜杆时，斜杆应尽可能设置在框架节点上，装成节点斜杆；若斜杆不能设置在节点上时，应呈错节布置，装成非节点斜杆，如图 2—14 所示。

所谓节点斜杆，即斜杆接头同横杆接头装在同一碗扣内；所谓非节点斜杆，即斜杆接头同横杆接头不装在同一碗扣内，利用钢管和扣件安装斜杆时，斜杆的设置可更加灵活，可不受碗扣接头内允许装设杆件数量的限制，特别适用于安装竖向剪刀撑、纵向水平剪刀撑。此

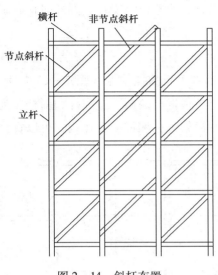

图2—14 斜杆布置

外，这种用钢管和扣件安装斜杆还能改善脚手架的受力性能。

（5）安装连墙件。连墙件必须随双排脚手架高度上升及时在规定位置处设置。

（6）作业层搭设。作业层脚手板必须铺满、铺实，外侧应设高度180 mm挡脚板及600和1 200 mm高两道防护栏杆。

当脚手板采用碗扣式钢管脚手架配套设计的钢脚手板时，脚手板的挂钩必须完全落入横杆上，不允许浮动；使用冲压钢脚手板、木脚手板和竹串片等脚手板时，两端应与横杆绑牢，严禁出现探头板。

防护栏杆应当分别在立杆600 mm和1 200 mm的碗扣接头处搭设。

（7）接立杆。立杆的接长是靠焊于立杆顶部的连接管承插而成的。立杆插入后，使上部立杆底端连接孔同下部立杆顶部连接孔对齐，插入立杆连接销锁定即可。

安装横杆、斜杆，重复以上操作，并随时检查、调整脚手架的垂直度。

（8）斜道和人行架梯安装。斜道安装布置如图 2—15 所示，坡度为 1∶3，在斜道脚手板的挂钩点（图 2—15 中 A、B、C 处）必须增设横杆。而在斜道板框架两侧设置横杆和斜杆作为扶手和护栏。

人行架梯设在框架内，架梯上有挂钩，可以直接挂在横杆上。

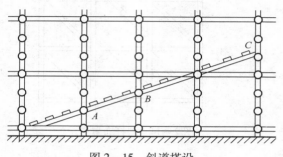

图 2—15　斜道搭设

（9）安全网安装。碗扣式钢管脚手架配备有安全网支架件，其可直接用碗扣接头固定在脚手架上。

19. 脚手架搭设应该遵照哪些技术规范？

（1）底座和垫板应准确地放置在定位线上；垫板宜采用长度不少于立杆二跨、厚度不小于 50 mm 的木垫板；底座的轴心线应与地面垂直。

（2）搭设双排脚手架应按立杆、横杆、斜杆、连墙件的顺序逐层搭设，底层水平框架的纵向直线偏差度应小于 1/200 架体长度；横杆间水平偏差度应不小于 1/400 架体长度。

（3）双排脚手架的搭设应分阶段进行，每段搭设后必须经检查验收合格后，方可投入使用。

（4）双排脚手架的搭设应与建筑物的施工同步上升，并应高于作业面 1.5 m。

（5）当双排脚手架高度 H 小于或等于 30 m 时，垂直度偏差应小于或等于 $H/500$；当高度 H 大于 30 m，垂直度偏差应小于或等于 $H/1\,000$。

（6）当双排脚手架内外侧加挑梁时，在一跨挑梁范围内不得超过一名施工人员操作，且严禁堆放物料。

（7）连墙件必须随双排脚手架升高，及时在规定的位置处设置，严禁任意拆除。

（8）作业层设置应符合下列规定：

1）脚手板必须铺满、铺实，外侧应设 180 mm 挡脚板及 1 200 mm 高两道防护栏杆；

2）防护栏杆应在立杆 0.6 m 和 1.2 m 的碗扣接头处搭设两道；

3）作业层下部的水平安全网设置应符合国家现行标准《建筑施工安全检查标准》（JGJ 59—2011）的规定。

（9）当采用钢管扣件作加固件、连墙件、斜撑时，应符合国家现行标准《建筑施工扣件式钢管脚手架安全技术规范》（JGJ 130—2011）的有关规定。

20. 双排脚手架怎么拆除？

（1）拆除双排脚手架时，必须按专项施工方案，在专人统一指挥下进行。

（2）拆除作业前，施工管理人员应对操作人员进行安全技术交底。

（3）拆除双排脚手架时，必须划出安全区，并设置警戒标志，派专人看管。

（4）拆除前应清理脚手架上的器具及多余的材料和杂物。

（5）拆除作业应从顶层开始，逐层向下进行，严禁上下层同时拆除。

（6）连墙件必须在双排脚手架拆到该层时方可拆除，严禁提前拆除。

（7）拆除的构、配件应采用起重设备吊运或人工传递到地面，严禁抛掷。

（8）当双排脚手架采取分段、分立面拆除时，必须事先确定分界处的技术处理方案。

（9）拆除的构、配件应分类堆放，以便于运输、维护和保管。

21. 碗扣式脚手架施工过程安全管理包括哪些内容?

（1）作业层上的施工荷载应符合设计要求，不得超载，不得在脚手架上集中堆放模板、钢筋等物料。

（2）混凝土输送管、布料杆、缆风绳等不得固定在脚手架上。

（3）遇6级及以上大风、雨雪、大雾天气时，应停止脚手架的搭设与拆除作业。

（4）脚手架使用期间，严禁擅自拆除架体结构杆件，如需拆除必须经修改施工方案并报请原方案审批人批准，确定补救措施后方可实施。

（5）严禁在脚手架基础及邻近处进行挖掘作业。

（6）脚手架应与输电线路保持安全距离，施工现场临时用电线路架设及脚手架接地防雷措施等应按国家现行标准《施工现场临时用电安全技术规范》（JGJ 46—2005）的有关规定执行。

（7）搭设脚手架人员必须持证上岗。上岗人员应定期体检，合格者方可持证上岗。

（8）搭设脚手架人员必须戴安全帽、系安全带、穿防滑鞋。

三、门式钢管脚手架

22. 什么是门式钢管脚手架?

门式钢管脚手架是由门架、交叉支撑、连接棒、挂扣式脚手板、锁臂、底座等组成基本结构，再用水平加固杆、剪刀撑、扫地杆加固，并采用连墙件与建筑物主体结构相连的一种定型化钢管脚手架，如图2—16所

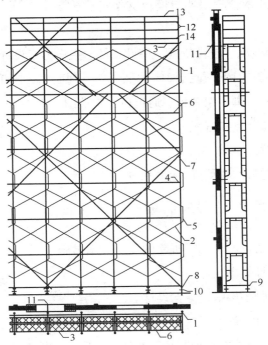

图2—16　门式钢管脚手架的基本组成

1—门架　2—交叉支撑　3—挂扣式脚手板　4—连接棒　5—锁臂　6—水平加固杆
7—剪刀撑　8—纵向扫地杆　9—横向扫地杆　10—底座　11—连墙件
12—栏杆　13—扶手　14—挡脚板

示。门式脚手架不仅可作为外脚手架，而且可作为内脚手架或模板支撑架。

门式脚手架是一种标准化钢管脚手架，其主要构、配件大部分由厂家定型生产，其他部件难以替代。

23. 搭设门式钢管脚手架前应做好哪些施工准备？

（1）门式钢管脚手架与模板支架搭设与拆除前，应向搭拆和使用人员进行安全技术交底。

（2）门式钢管脚手架与模板支架搭拆施工的专项施工方案，应包括下列内容：

1）工程概况、设计依据、搭设条件、搭设方案设计。

2）搭设施工图，包括架体的平、立、剖面图，脚手架连墙件的布置及构造图，脚手架转角、通道口的构造图，脚手架斜梯布置及构造图以及重要节点构造图等。

3）基础做法及要求。

4）架体搭设及拆除的程序和方法。

5）季节性施工措施。

6）质量保证措施。

7）架体搭设、使用、拆除的安全技术措施。

8）设计计算书。

9）悬挑脚手架搭设方案设计。

10）应急预案。

（3）门架与配件、加固杆等在使用前应进行检查和验收。

（4）经检验合格的构、配件及材料应按品种、规格分类堆放整齐、平稳。

（5）对搭设场地应进行清理、平整，并应做好排水。

24. 门式钢管脚手架搭设要点包括哪些？

（1）搭设程序。门式钢管脚手架搭设的顺序：放线定位→铺放垫木（板）→拉线、放底座→自一端起立门架并随即装剪刀撑→装水平梁架（或脚手板）→装梯子→需要时，装设通常的纵向水平杆→装设连墙件→照上述步骤，逐层向上安装→装加强整体刚度的长剪刀撑→装设顶部栏杆。

门式钢管脚手架的搭设应自一端向另一端延伸，并逐层改变搭设方向，自下而上按步架设，如图2—17所示。每搭设完一步，应当检查并调整其水平度与垂直度，减少误差积累。

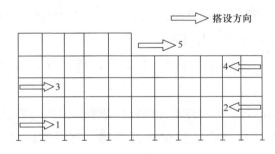

图2—17 搭设脚手架的正确方向

脚手架应沿建筑物周围连续、同步搭设升高，在建筑物周围形成封闭结构。

（2）脚手架搭设应该满足的技术要求：

1）门式钢管脚手架与模板支架的搭设程序应符合下列规定：

①门式钢管脚手架的搭设应与施工进度同步，一次搭设高度不宜超过最上层连墙件两步，且自由高度不应大于4 m。

②满堂脚手架和模板支架应采用逐列、逐排和逐层的方法搭设。

③门架的组装应自一端向另一端延伸，应自下而上按步架设，并应逐层改变搭设方向；不应自两端相向搭设或自中间向两端搭设。

④每搭设完两步门架后，应校验门架的水平度及立杆的垂直度。

2）搭设门架及配件除应符合规范的规定外，尚应符合下列要求：

①交叉支撑、脚手板应与门架同时安装。

②连接门架的锁臂、挂钩必须处于锁住状态。

③钢梯的设置应符合专项施工方案组装布置图的要求，底层钢梯底部应加设钢管并应采用扣件扣紧在门架立杆上。

④在施工作业层外侧周边应设置 180 mm 高的挡脚板和两道栏杆，上道栏杆高度应为 1.2 m，下道栏杆应居中设置。挡脚板和栏杆均应设置在门架立杆的内侧。

3）加固杆的搭设除应符合规范的规定外，尚应符合下列要求：

①水平加固杆、剪刀撑等加固杆件必须与门架同步搭设。

②水平加固杆应设于门架立杆内侧，剪刀撑应设于门架立杆外侧。

4）门式钢管脚手架连墙件的安装必须符合下列规定：

①连墙件的安装必须随脚手架搭设同步进行，严禁滞后安装。

②当脚手架操作层高出相邻连墙件以上两步时，在连墙件安装完毕前必须采用确保脚手架稳定的临时拉结措施。

5）加固杆、连墙件等杆件与门架采用扣件连接时，应符合下列规定：

①扣件规格应与所连接钢管的外径相匹配。

②扣件螺栓拧紧力矩应为 40~65 N·m。

③杆件端头伸出扣件盖板边缘长度不应小于 100 mm。

6）悬挑脚手架的搭设应符合规范的要求，搭设前应检查预埋件和支撑型钢悬挑梁的混凝土强度。

7）门式钢管脚手架通道口的搭设应符合规范的要求，斜撑杆、托架梁及通道口两侧的门架立杆加强杆件应与门架同步搭设，严禁滞后安装。

8）满堂脚手架与范本支架的可调底座、可调托座宜采取防止砂浆、水泥浆等污物填塞螺纹的措施。

25. 拆除门式钢管脚手架前要检查哪些内容?

（1）在拆除门式钢管脚手架前，应检查架体构造、连墙件设置、节点连接，当发现有连墙件、剪刀撑等加固杆件缺少、架体倾斜失稳或门架立杆悬空情况时，对架体应先行加固后再拆除。

（2）模板支架在拆除前，应检查架体各部位的连接构造、加固件的设置，应明确拆除顺序和拆除方法。

（3）在拆除作业前，对拆除作业场地及周围环境应进行检查，拆除作业区内应无障碍物，作业场地临近的输电线路等设施应采取防护措施。

26. 门式钢管脚手架拆除要点包括哪些?

（1）架体的拆除应按拆除方案施工，并应在拆除前做好下列准备工作：

1）应对将拆除的架体进行拆除前的检查。

2）根据拆除前的检查结果补充完善拆除方案。

3）清除架体上的材料、杂物及作业面的障碍物。

（2）拆除作业必须符合下列规定：

1）架体的拆除应从上而下逐层进行。严禁上下同时作业。

2）同一层的构、配件和加固杆件必须按先上后下、先外后内的顺序进行拆除。

3）连墙件必须随脚手架逐层拆除。严禁先将连墙件整层或数层拆除后再拆架体。拆除作业过程中，当架体的自由高度大于两步时。必须加设临时拉结。

4）连接门架的剪刀撑等加固杆件必须在拆卸该门架时拆除。

（3）拆卸连接部件时，应先将止退装置旋转至开启位置，然后拆除，不得硬拉，严禁敲击。拆除作业中，严禁使用手锤等硬物击打、撬别。

（4）当门式钢管脚手架需分段拆除时，架体不拆除部分的两端应按规范采取加固措施后再拆除。

（5）门架与配件应采用机械或人工运至地面，严禁抛投。

（6）拆卸的门架与配件、加固杆等不得集中堆放在未拆架体上，并应及时检查、整修与保养，宜按品种、规格分别存放。

27. 门式钢管脚手架施工过程中的安全管理包括哪些内容?

（1）搭拆门式钢管脚手架或模板支架应由专业架子工担任，架子工应按住房和城乡建设部特种作业人员考核管理规定考核合格，持证上岗。上岗人员应定期进行体检，凡不适合登高作业者不得上架操作。

（2）搭拆架体时，施工作业层应铺设脚手板，操作人员应站在临时设置的脚手板上进行作业，并应按规定使用安全防护用品，穿防滑鞋。

（3）门式钢管脚手架与模板支架作业层上严禁超载。

（4）严禁将模板支架、缆风绳、混凝土泵管、卸料平台等固定在门式钢管脚手架上。

（5）6级及以上大风天气应停止架上作业；雨、雪、雾天应停止脚手架的搭拆作业；雨、雪、霜后上架作业应采取有效的防滑措施，并应扫除积雪。

（6）门式钢管脚手架与模板支架在使用期间，当预见可能有强风天气所产生的风压值超出设计的基本风压值时，对架体应采取临时加固措施。

（7）在门式钢管脚手架使用期间，脚手架基础附近严禁进行挖掘作业。

（8）满堂脚手架与模板支架的交叉支撑和加固杆，在施工期间禁止拆除。

（9）门式钢管脚手架在使用期间，不应拆除加固杆、连墙件、转角处连接杆、通道口斜撑杆等加固杆件。

（10）当施工需要，脚手架的交叉支撑可在门架侧局部临时拆除，但在该门架单元上下应设置水平加固杆或挂扣式脚手板，在施工完成后应立即恢复安装交叉支撑。

（11）应避免装卸物料对门式脚手架或范本支架产生偏心、振动和冲击荷载。

（12）门式钢管脚手架外侧应设置密目式安全网，网间应严密，防止坠物伤人。

（13）门式钢管脚手架与架空输电线路的安全距离、工地临时用电线路架设及脚手架接地、防雷措施，应按建筑施工行业标准

31

《施工现场临时用电安全技术规范》（JGJ 46—2005）的有关规定执行。

（14）在门式钢管脚手架或模板支架上进行电、气焊作业时，必须有防火措施和专人看护。

（15）不得攀爬门式钢管脚手架。

（16）搭拆门式钢管脚手架或模板支架作业时，必须设置警戒线、警戒标志，并应派专人看守，严禁非作业人员入内。

（17）对门式钢管脚手架与模板支架应进行日常性的检查和维护，架体上的建筑垃圾或杂物应及时清理。

四、工具式脚手架

28. 高处作业吊篮安装时应该注意什么问题？

（1）悬挂吊篮的支架支撑点处结构的承载能力，应大于所选择吊篮工况的荷载最大值。

（2）高处作业吊篮应由悬挑机构、吊篮平台、提升机构、防坠落机构、电气控制系统、钢丝绳和配套附件、连接件构成。

（3）吊篮平台应能通过提升机构沿动力钢丝绳升降。

（4）吊篮悬挂机构前后支架的间距，应能随建筑物外形变化进行调整。

（5）高处作业吊篮安装时应按专项施工方案，在专业人员的指导下实施。

（6）安装作业前，应划定安全区域，并应排除作业障碍。

（7）高处作业吊篮组装前应确认结构件、紧固件已配套且完好，其规格型号和质量应符合设计要求。

（8）高处作业吊篮所用的构、配件应是同一厂家的产品。

（9）在建筑物屋面上进行悬挂机构的组装时，作业人员应与屋面边缘保持 2 m 以上的距离。组装场地狭小时应采取防坠落措施。

（10）悬挂机构宜采用刚性连接方式进行拉结固定。

（11）悬挂机构前支架严禁支撑在女儿墙上、女儿墙外或建筑物挑檐边缘。

（12）前梁外伸长度应符合高处作业吊篮使用说明书的规定。

（13）悬挑横梁前高后低，前后水平高差应不大于横梁长度的 2%。

（14）配重件应稳定可靠地安放在配重架上，并应有防止随意移动的措施。严禁使用破损的配重件或其他替代物。配重件的质量应符合设计规定。

（15）安装时钢丝绳应沿建筑物立面缓慢下放至地面，不得抛掷。

（16）当使用两个以上的悬挂机构时，悬挂机构吊点水平间距与吊篮平台的吊点间距应相等，其误差不应大于 50 mm。

（17）悬挂机构前支架应与支撑面保持垂直，脚轮不得受力。

（18）安装任何形式的悬挑结构，其施加于建筑物或构筑物支撑处的作用力，均应符合建筑结构的承载能力，不得对建筑物和其他设施造成破坏和不良影响。

（19）高处作业吊篮安装和使用时，在 10 m 范围内如有高压输电线路，应按照建筑施工行业标准《施工现场临时用电安全技术规范》（JGJ 46—2005）的规定采取隔离措施。

29. 外挂防护架应该如何安装?

（1）应根据专项施工方案的要求，在建筑结构上设置预埋件。预埋件应经验收合格后方可浇筑混凝土，并应做好隐蔽工程记录。

（2）安装防护架时，应先搭设操作平台。

（3）防护架应配合施工进度搭设，一次搭设的高度不应超过相邻连墙件以上二个步距。

（4）每搭完一步架后，应校正步距、纵距、横距及立杆的垂直度，确认合格后方可进行下道工序。

（5）竖向桁架安装宜在起重机辅助下进行。

（6）同一片防护架的相邻立杆的对接扣件应交错布置，在高度方向错开的距离不宜小于 500 mm；各接头中心至主节点的距离不宜大于步距的 1/3。

（7）纵向水平杆应通长设置，不得搭接。

（8）当安装防护架的作业层高出辅助架二步时，应搭设临时连墙杆，待防护架提升时方可拆除。临时连墙杆可采用 2.5 ~ 3.5 m 长的钢管，一端与防护架第三步相连，一端与建筑结构相连。每片架体与建筑结构连接的临时连墙杆不得少于 2 处。

（9）防护架应设置在桁架底部的三角臂和上部的刚性连墙杆及柔性连墙件分别与建筑物上的预埋件相连接。根据不同的建筑结构形式，防护架的固定位置可分为在建筑结构边梁处、檐板处和剪力墙处，如图 2—18 所示。

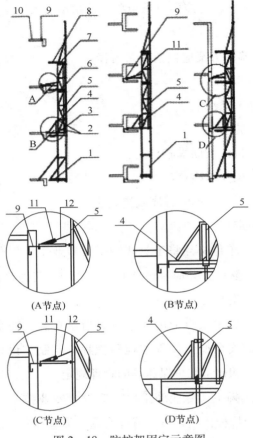

图2—18 防护架固定示意图

1—架体 2—连接在桁架底部的双钢管 3—水平软防护 4—三角臂 5—竖向桁架

6—水平硬防护 7—相邻桁架之间连接钢管 8—施工层水平防护 9—预埋件

10—建筑物 11—刚性连墙件 12—柔性连墙件

30. 工具式脚手架施工安全管理包括哪些内容?

（1）工具式脚手架安装前，应根据工程结构、施工环境等特点编制专项施工方案，并应经总承包单位技术负责人审批、项目总监理工程师审核后实施。

（2）专项施工方案应包括下列内容：

1）工程特点。

2）平面布置情况。

3）安全措施。

4）特殊部位的加固措施。

5）工程结构受力核算。

6）安装、提升、拆除程序及措施。

7）使用规定。

（3）总承包单位必须将工具式脚手架专业工程发包给具有相应资质等级的专业队伍，并应签订专业承包合同，明确总包、分包或租赁等各方的安全生产责任。

（4）工具式脚手架专业施工单位应当建立健全安全生产管理制度，制定相应的安全操作规程和检验规程，应制定设计、制作、安装、升降、使用和日常维护保养等的管理规定。

（5）工具式脚手架专业施工单位应设置专业技术人员、安全管理人员及相应的特种作业人员。特种作业人员应经专门培训，并应经相关行政主管部门考核合格，取得特种作业操作资格证书后，方可上岗作业。

（6）施工现场使用工具式脚手架应由总承包单位统一监督，并应符合下列规定：

1）安装、升降、使用、拆除等作业前，应向有关作业人员进行安全教育；并应监督对作业人员的安全技术交底。

2）应对专业承包单位人员的配备和特种作业人员的资格进行

审查。

3）安装、升降、拆卸等作业时，应派专人进行监督。

4）应组织工具式脚手架的检查验收。

5）应定期对工具式脚手架使用情况进行安全巡检。

（7）监理单位应对施工现场的工具式脚手架使用状况进行安全监理并应记录。出现隐患应要求及时整改，并应符合下列规定：

1）应对专业承包单位的资质及有关人员的资格进行审查。

2）在工具式脚手架的安装、升降、拆除等作业时应进行监理。

3）应参加工具式脚手架的检查验收。

4）应定期对工具式脚手架使用情况进行安全巡检。

5）发现存在隐患时，应要求限期整改，对拒不整改的，及时向建设单位和建设行政主管部门报告。

（8）工具式脚手架所使用的电气设施、线路及接地、避雷措施等应符合建筑施工行业标准《施工现场临时用电安全技术规范》（JGJ 46—2005）的规定。

（9）进入施工现场的附着式升降脚手架产品应具有国务院建设行政主管部门组织鉴定或验收的合格证书，并应符合相关规范的有关规定。

（10）工具式脚手架防坠落装置应经法定检测机构标定后方可使用；使用过程中，使用单位应定期对其有效性和可靠性进行检测。安全装置受冲击载荷后应进行解体检验。

（11）临街搭设时，外侧应有防止坠落物伤人的防护措施。

（12）安装、拆除时，在地面应设有围栏和警戒标志，并应派专人看守，非操作人员不得入内。

（13）在工具式脚手架使用期间，不得拆除下列杆件：

1）架体上的杆件。

2）与建筑物连接的各类杆件（如连墙杆、附墙支座等）。

（14）作业层上的施工荷载应符合设计要求，不得超载。不得将模板支架、缆风绳、泵送混凝土和砂浆的输送管等固定在架体上；不得用其悬挂起重设备。

（15）遇5级及以上大风和雨天，不得提升或下降工具式脚手架。

（16）当施工中发现工具式脚手架故障或存在安全隐患时，应及时排除，可能危及人身安全时，应停止作业，由专业人员进行整改。整改后的工具式脚手架应重新进行验收检查，合格方可使用。

（17）剪刀撑应随立杆同步搭设。

（18）扣件的螺栓拧紧力矩应不小于40 N·m，且不应大于65 N·m。

（19）各地建筑安全主管部门及产权单位和使用单位应对工具式脚手架建立设备技术档案，其主要内容应包含机型、编号、出厂日期、验收、检修、试验、检修记录及故障情况。

（20）工具式脚手架在施工现场安装完毕应进行整机检测。

（21）工具式脚手架作业人员在施工进程中应戴安全帽、系安全带、穿防滑鞋，酒后不得上岗作业。

五、模板支撑架

31. 扣件式钢管满堂支撑架怎么构造？

建筑物的大厅、餐厅、多功能厅等的顶板施工，通常需要搭设满堂模板支撑架。

扣件式钢管满堂支撑架的构造技术应遵守以下要求：

（1）满堂支撑架步距与立杆间距不宜超过技术规范中规定的上限值，立杆伸出顶层水平杆中心线至支撑点的长度不应超过 0.5 m。满堂支撑架搭设高度不宜超过 30 m。

（2）满堂支撑架立杆、水平杆的构造要求应符合规范的规定。

（3）满堂支撑架应根据架体的类型设置剪刀撑，并应符合下列规定。

1）普通型：

①在架体外侧周边及内部纵、横向每 5~8 m，应由底至顶设置连续竖向剪刀撑，剪刀撑宽度应为 5~8 m，如图 2—19 所示。

②在竖向剪刀撑顶部交点平面应设置连续水平剪刀撑。当支撑高度超过 8 m，或施工总荷载大于 15 kN/m^2，或集中线荷载大于 20 kN/m^2 的支撑架，扫地杆的设置层应设置水平剪刀撑。水平剪刀撑至架体底平面距离与水平剪刀撑间距不宜超过 8 m，如图 2—19 所示。

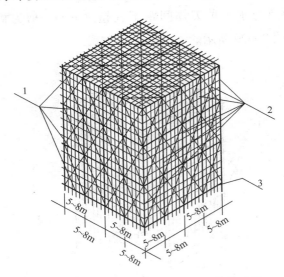

图 2—19　普通型水平、竖向剪刀撑布置图

1—水平剪刀撑　2—竖向剪刀撑　3—扫地杆设置层

2）加强型：

①当立杆纵、横间距为 0.9 m×0.9 m～1.2 m×1.2 m 时，在架体外侧周边及内部纵、横向每 4 跨（且不大于 5 m），应由底至顶设置连续竖向剪刀撑，剪刀撑宽度应为 4 跨。

②横间距为 0.6 m×0.6 m～0.9 m×0.9 m（含 0.6 m×0.6 m，0.9 m×0.9 m）时，在架体外侧周边及内部纵、横向每 5 跨（且不小于 3 m），应由底至顶设置连续竖向剪刀撑，剪刀撑宽度应为 5 跨。

③当立杆纵、横间距为 0.4 m×0.4 m～0.6 m×0.6 m（含 0.4 m×0.4 m）时，在架体外侧周边及内部纵、横向每 3～3.2 m 应由底至顶设置连续竖向剪刀撑，剪刀撑宽度应为 3～3.2 m。

④在竖向剪刀撑顶部交点平面应设置水平剪刀撑，扫地杆的设置层水平剪刀撑的设置应符合普通型设置要求的规定，水平剪刀撑至架体底平面距离与水平剪刀撑间距不宜超过 6 m，剪刀撑宽度应为 3～5 m，如图 2—20 所示。

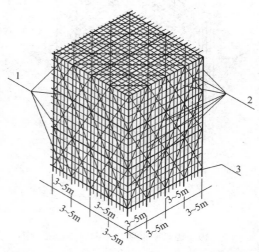

图 2—20　加强型水平、竖向剪刀撑构造布置图
1—水平剪刀撑　2—竖向剪刀撑　3—扫地杆设置层

（4）竖向剪刀撑斜杆与地面的倾角应为45°~60°，水平剪刀撑与支架纵（或横）向夹角应为45°~60°，剪刀撑斜杆的接长应符合相关对接、搭接的规定。

（5）满堂支撑架的可调底座、可调托撑螺杆伸出长度不宜超过300 mm，插入立杆内的长度不得小于150 mm。

（6）当满堂支撑架高宽比不满足规范的规定（高宽比大于2或2.5）时，满堂支撑架应在支架四周和中部与结构柱进行刚性连接，连墙件水平间距应为6~9 m，竖向间距应为2~3 m。在无结构柱部位应采取预埋钢管等措施与建筑结构进行刚性连接，在有空间部位，满堂支撑架宜超出顶部加载区投影范围向外延伸布置2~3跨。支撑架高宽比不应大于3。

32. 扣件式钢管支撑架搭设要点有哪些?

扣件式钢管支撑架采用扣件式钢管脚手架的杆、配件搭设。

（1）施工准备：

1）支撑架搭设的准备工作，包括场地清理平整、定位放线、底座安放等均与脚手架搭设时相同。

2）立杆布置。扣件式钢管支撑架立杆间距一般应通过计算确定。通常取1.2~1.5 m，不得大于1.8 m。对较复杂的工程，必须根据建筑结构的主梁、次梁、板的布置，模板的配板设计、装拆方式，纵楞、横楞的安排等情况，画出支撑架立杆的布置图。

（2）模板支撑架搭设：

1）立杆的接长。扣件式钢管支撑架的高度可根据建筑物的层高而定。立杆的接长，可采用对接或搭接连接。

立杆对接连接如图2—21所示。支撑架立杆采用对接扣件连接时，在立杆的顶端安插一个顶托，被支撑的模板荷载通过顶托直接作用在立杆上。采用对接连接方法，荷载偏心小、受力性能好，能充分发挥钢管的承载能力。通过调节可调底座或可调顶托，可在一定范围内调整立杆总高度，但调节幅度不大。

立杆搭接连接如图2—22所示。采用旋转扣件（搭接长度不得小于600 mm）时，模板上的荷载作用在支撑架顶层的横杆上，再通过扣件传到立杆。若采用搭接连接方法，荷载偏心大，且靠扣件传递，受力性能差，钢管的承载能力得不到充分发挥。但调整立杆的总高度比较容易。

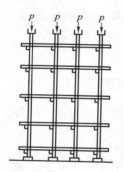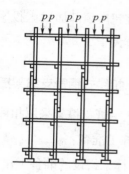

图2—21　立杆对接连接　　　图2—22　立杆搭接连接

2）水平拉结杆设置。为加强扣件式钢管支撑架的整体稳定性，在钢管支撑架立杆之间纵、横两个方向均必须设置扫地杆和水平拉结杆。各水平拉结杆的间距（步高）一般不大于1.6 m。

如图2—23所示为一扣件式满堂模板支撑架水平拉结杆布置的实例。

3）斜杆设置。为保证模板支撑架的整体稳定性，在设置纵、横两个方向水平拉结杆的同时，还必须设置斜杆，具体搭设时可采用刚性斜撑或柔性斜撑。

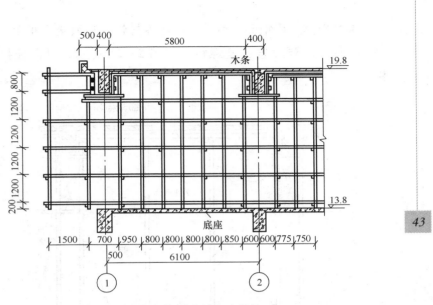

图 2—23　梁板结构模板支撑架

刚性斜撑以钢管为斜撑，用扣件将它们与模板支撑架中的立杆和水平杆连接，如图 2—24 所示。

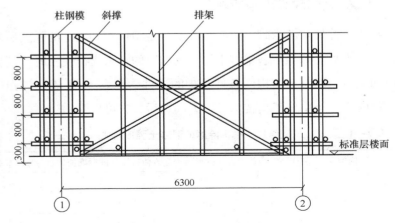

图 2—24　刚性斜撑

柔性斜撑采用钢筋、铅丝、铁链等材料，必须交叉布置，并且每根拉杆中均要设置花篮螺钉，如图2—25所示，以保证拉杆不松弛。

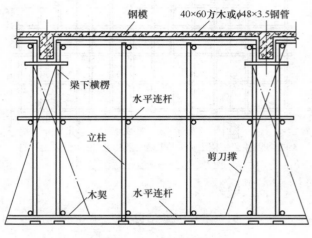

图2—25　柔性斜撑

33. 模板支撑架如何拆除？

模板支撑架与满堂脚手架必须在混凝土结构达到规定的强度后才能拆除。模板支撑架与满堂脚手架作为模板的承重支撑使用时，其拆除时间应在与混凝土结构同条件养护的试件达到表2—1规定的强度标准值时，并经单位工程技术负责人同意后，方可拆除。

表2—1　　　现浇结构底模拆除时的混凝土强度要求

序号	结构类型	结构跨度	达到设计的混凝土立方体抗压强度标准值的百分率（%）
1	板	≤2	≥50
		>2，≤8	≥75
		>8	≥100

续表

序号	结构类型	结构跨度	达到设计的混凝土立方体抗压强度标准值的百分率（%）
2	梁、拱、壳	≤8	≥75
		>8	≥100
3	悬臂构件		≥100

模板支撑架与满堂脚手架的拆除要求与相应脚手架拆除要求相同。支撑架的拆除，除应遵守相应脚手架拆除的有关规定外，根据支撑架的特点，还应注意以下几点：

（1）支撑架拆除前，应由单位工程负责人对支撑架作全面检查，确定可拆除时，方可拆除。

（2）拆除支撑架前应先松动可调螺栓，拆下模板并运出后，才可拆除支撑架。

（3）拆除时应采用先搭后拆，后搭先拆的施工顺序。

（4）支撑架拆除应从顶层开始逐层往下拆，先拆可调托撑、斜杆、横杆，后拆立杆。

（5）拆除时应采用可靠的安全措施，拆下的构、配件应分类捆绑，尽量采用机械吊运，严禁从高空抛掷到地面。

（6）对拆除下来的构、配件进行及时的检查、维修和保养。

变形的构、配件应调整修理，油漆剥落处应除锈后重新涂刷防锈漆。对底座、螺栓螺纹及螺栓孔等不易涂刷油漆的部位，在每次使用完毕应清理污泥，涂上黄油防锈。门架宜倒立或平放，平放时应相互对齐。剪刀撑、水平撑、栏杆等应绑扎成捆堆放，其他小零件应分类装入木箱内保管。

为防止支撑架构、配件生锈，最好储存在干燥通风的库房内，条件不允许时，也可以露天堆放，但必须选择地面平坦、排水良好的地

45

方。堆放时下面要铺垫板，堆垛上要加盖防雨布。

34. 扣件式钢管支撑架搭设和拆除的技术要点有哪些？

（1）扣件式钢管支撑架的搭设应按专项施工方案，在专人指挥下统一进行。

（2）应按施工方案弹线定位，放置底座后应分别按先立杆后横杆再斜杆的顺序搭设。

（3）在多层楼板上连续设置扣件式钢管支撑架时，应保证上下层支撑立杆在同一轴线上。

（4）扣件式钢管支撑架拆除应符合国家标准《混凝土结构工程施工质量验收规范》（GB 50204—2015）中混凝土强度的有关规定。

（5）架体拆除应按施工方案设计的顺序进行。

六、搭设跨越架

35. 跨越架的基本形式包括哪些？

新建输电线路通常要跨越公路、铁路、通信线及高压电力线等各种设施。为了不使导（地）线在架设过程中受到损伤并保证被跨越设施的安全和正常运行，对被跨越的上述重要设施，均需搭设跨越架。

跨越架的型式、高度和宽度应根据被跨越设施的类别、大小、承压能力及其重要性确定。对主要跨越架及高度超过 15 m 的跨越架，应另行编制搭设方案，并有规定的审批手续。

跨越架的型式一般有以下几种架构。

（1）单面跨越架。靠近被跨越物的一面如图 2—26 所示。单面跨越架一般适用于简单架设的通信线，不带电的电力线及建筑物等，即使与线相碰后也不致发生危险。

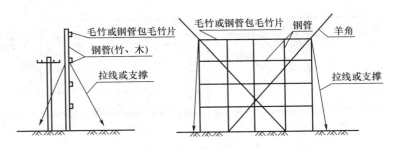

图 2—26　单面跨越架

（2）双面跨越架。在被跨越物两侧均搭设的跨越架，上面封顶，如图 2—27 所示。一般适用于跨越 10 kV 及以下的带电电力线、多回路通信线、一般公路等。使架设的导地线在任何情况下，不碰及带电体或影响被跨越物的正常运行。

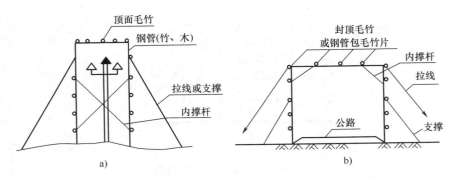

图 2—27　双面跨越架

a）跨越电力线路或多路通信线　b）跨越一般公路

（3）桁架式跨越架。在被跨越物的两侧各搭建一个立体桁架，以增强整体跨越架的稳定性，其顶面由毛竹或钢管包毛竹片封顶。这种跨越架，一般适用于跨越比较宽的一级公路和铁路等。对于复线铁路，由于其跨距较大，中间应增加一个构架，如图2—28所示。

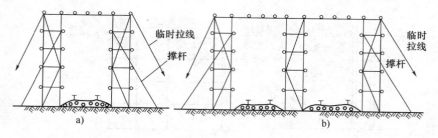

图2—28　桁架式跨越架

a）跨越铁路、一级公路　b）跨越复线铁路

跨越架的正面结构应根据跨越架的高度和宽度而定。除纵横搭设外，还要有适当数量的"×"形斜杆和支撑。对立体结构还要设内斜杆，以确保架构稳定，如图2—29所示。

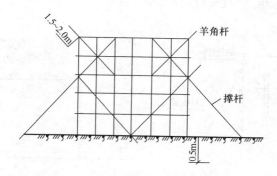

图2—29　跨越架正面结构图

搭设跨越架所用材料，一般多使用钢管或毛竹。为防止磨伤导线，封顶多采用毛竹或钢管外包裹毛竹片的办法。

36. 跨越架搭设的基本要求是什么?

（1）跨越架在安全施工允许的条件下应具有自立的强度，并能满足施工设计强度的要求。

（2）跨越架的组立必须牢固可靠、所处位置准确。

（3）跨越不停电电力线的跨越架，应适当加固并应用绝缘材料封顶。

（4）跨越架架顶的横辊要有足够的强度，且横辊表面必须使用对导线磨损小的绝缘材料。如用金属杆件作横辊，则必须在其上包胶。

（5）跨越架应按有关规定保持对被跨越物的安全距离，即保持对被跨越物的有效遮护。

（6）跨越架经使用单位验收合格后方可使用。

（7）跨越架上应按有关规定悬挂醒目标志。

（8）强风、暴雨过后应对跨越设施进行检查，确认合格后方可使用。

（9）搭设和拆除跨越架时应设安全监护人。

（10）参加不停电线路的跨越施工人员必须熟练掌握跨越施工方法并熟悉安全措施，经本单位组织培训和技术交底后方可参加跨越施工。

（11）跨越不停电线路时采用何种跨越架，应根据被跨越的电力线路电压等级、架线施工方法以及其他具体情况，综合考虑。

37. 跨越架搭设和拆除要遵守哪些基本规定?

（1）按线路设计中的交叉跨越点断面图，在施工前对跨越点交叉角度、被跨电力线路架空地线交叉点的对地高度、下导线交叉点的对地高度、导线边线间宽度、地形情况进行复测。根据复测结果，选择跨越施工方案。

（2）复测跨越点断面图时，应考虑环境温度的变化，即复测季节与施工季节的温差。

（3）跨越施工前由技术负责人向所有参加跨越施工人员进行技术和安全交底，明确施工方案。

（4）跨越架架体和有关设备、材料在吊装和运输过程中严禁野蛮装卸。

（5）不停电跨越施工使用的绝缘设备、器材应满足相关要求，且在使用前必须进行检查。检查时用 5 000 V 摇表在电极间距 2 cm 的条件下测试绝缘电阻，要求绝缘电阻不小于 700 MΩ。绝缘绳、网的外观经检查有严重磨损、断丝、断股、污损及受潮时也不得使用。

（6）跨越场两侧的放线滑车上均应采取接地保护措施。在跨越施工前，所有接地装置必须安装完毕且与铁塔可靠连接。

（7）在张力放线前，按规定复检牵引场、张力场的接地情况。放线牵引板经过跨越档两侧铁塔和跨越架时，应加强监视，牵引速度和张力大小也应进行调整（牵引速度在 0.25 m/s 之内为宜），并听从跨越场的指挥。放线过程中，必须确保与牵引场、张力场和跨越场的通信联系畅通。

（8）跨越不停电线路时，施工人员不得在跨越架内侧攀登或作业，并严禁从封顶架上通过。

（9）跨越不停电线路时，新建线路的导引绳通过跨越架时，应用绝缘绳作引绳。

38. 金属结构跨越架施工的基本要求有哪些?

（1）跨越施工前应编制施工作业指导书，施工作业指导书包括线路断面图、跨越架架体和拉线地锚位置分坑图、架体组装图、绝缘网封顶组装图、施工安全责任记录表、材料和工器具明细表及人员组织安排。

（2）跨越架架体组立前必须对其位置进行复测。

（3）跨越架架体采用倒装分段组立时，要求：

1）提升架地面必须敷设道木。

2）提升架必须用经纬仪进行双向观测调直。

3）提升架必须采用拉线稳定。拉线与地面夹角应控制在 30°～60°。

4）倒装组立过程中，架体高度达到被跨导线的水平高度或超过15 m 时，必须采用临时拉线控制，拉线应随时监视并随时加以调整。此时的提升速度也应适当放慢。

5）操作提升系统的工作人员严禁超速、超负荷工作。

（4）在条件许可时，可以采用吊车整体组立。组立要求如下：

1）根据架体重量和组立高度，按起重机的允许工作载荷起吊，不得超载。

2）起吊时，吊臂应平行于带电线路方向摆放。

3）整体起吊时，严禁大幅度甩杆。

4）架体宜在与带电线路垂直方向上进行地面组装。

5）架体头部被吊起距地面 0.8 m 时，停车检查各连接部位，连接可靠则后方可继续起吊；在与地面夹角成 80°～85°时，吊车应停止动作，检查架体拉线与地锚连接是否可靠，并通过拉线调整架体与地面垂直后方可摘掉吊钩。

（5）架体连接螺栓必须紧固。

（6）金属结构架体的拉线位置应根据现场地形情况和架体组立高度的长细比确定。拉线固定点之间的长细比一般不应大 150。

（7）架体组立完成后，应将其各层拉线按设计要求锚固，并调至设计预紧力。

（8）各拉线地锚埋深必须按"地锚设计分坑图"及架体设计要求进行，并由安全人员监护。

（9）跨越架顶端必须设置挂胶滚筒或挂胶滚动横梁。

（10）在攀登不停电线路杆塔向两侧投绳时，应顺线路登塔，确保人、工器具与导线的安全距离。

（11）不停电展放跨越用绝缘绳。如用射绳枪射绳，应首先将射绳在地面的苫布上敷开。射绳时应注意射手站的位置，要避免伤人或挂住异物。

（12）封顶网的承力绳必须绑牢，且张紧后的最大弛度不大于 0.5 m。

（13）敷设绝缘网时，应事先在地面上将网上所有挂钩整理好。

（14）在大绝缘网敷设好后，将所余网绑在一侧横担上，使网自身张紧，并将余绳卷好，放入高于地面 5 m 的架体上。

（15）用提升架拆除跨越架时，在拆除过程中要求如下：

1）提升架拉线打好后，方可松开被拆架体的拉线。提升架用经纬仪调直后，方可开始架体的拆除工作。

2）被拆架体的上层拉线必须有保护措施（设置浪风绳）。

3）架体的浪风绳必须与拆架工作密切配合，保持架体稳定。

（16）用吊车拆除跨越架时，在拆除过程中要求如下：

1）严格按施工组织设计方案作业。

2）吊车的摆放位置应能避免大幅度转臂、甩杆。

3）吊车的吊钩吊实后，方可拆除架体拉线。

4）架体、塔头、塔根必须设置浪风绳。

5）架体落地时应注意避免损伤塔上附件。

39. 跨越架搭设时要符合哪些安全管理规定？

（1）跨越不停电电力线架线施工前，应向运行部门书面申请"退出重合闸"，落实后方可进行不停电跨越施工。施工期间该线路发生设备跳闸时，调度员未取得现场指挥同意前，不得强行送电。

（2）跨越不停电电力线施工过程中，必须邀请被跨越电力线的运行部门进行现场监护。施工单位也应设安全监护人。

（3）跨越不停电电力线施工中必须严格执行相关规定的工作票制度。

（4）在跨越相邻两侧的杆塔上，被跨电力线路的导线、地线应通过杆塔设置可靠的接地装置。

（5）绝缘工具必须定期进行绝缘试验，其绝缘性能应符合要求，每次使用前应进行外观检查。

（6）参加跨越不停电线路施工人员，应熟悉施工工器具使用方法、使用范围及额定负荷，不得使用不合格的工器具。

（7）临近带电体作业时，上下传递物体必须使用绝缘绳索，作业全过程应设专人监护。

（8）绝缘工具的有效长度不小于表2—2的要求。

表 2—2　　　　　　　　　　绝缘工具的有效长度（m）

工具名称	带电线电压等级						
	≤10 kV	35 kV	63 kV	110 kV	220 kV	330 kV	500 kV
绝缘操作杆	0.7	0.9	1.0	1.3	2.1	3.1	4.0
绝缘承力工具、绝缘绳索	0.4	0.6	0.7	1.0	1.8	2.8	3.7

注：传递用绝缘绳索的有效长度应按绝缘操作杆的有效长度考虑。

（9）在带电体附近作业时，人体与带电体之间的最小安全距离应满足表 2—3 的规定。

表 2—3　　　　　　　　作业时与带电体的最小安全距离（m）

项目	带电体的电压等级					
	≤10 kV	35 kV	63~110 kV	220 kV	330 kV	500 kV
工器具、安装构件、导线、地线与带电体的距离	2.0	3.5	4.0	5.0	6.0	7.0
作业人员的活动范围与带电体的距离	1.7	2.0	2.5	4.0	5.0	6.0
整体组立杆塔与带电体的距离	应大于倒杆距离（自杆塔边缘到带电体的最近侧为杆塔高）					

（10）跨越施工用绝缘绳网，在现场应先按规格、类别、用途整齐摆放在防水帆布上。

（11）跨越不停电线路架线施工应在良好天气下进行，遇雷电、雨、雪、霜、雾，相对湿度大于 85% 或 5 级以上大风时，应停止工作。如施工中遇到上述情况，则应将已展放好的网、绳加以安全保护，避免造成意外。

（12）跨越施工完成后，应尽快将带电线路上方的封顶网、绳拆除。

40. 搭设金属结构跨越架应采用哪些安全技术措施?

（1）金属结构跨越架金属拉线和展放中的导线、地线、牵引绳与被跨电力线的最小安全距离，必须满足相关要求。

（2）金属结构跨越架架体的临时拉线必须由有经验的技术工人看护。

（3）金属结构跨越架提升架的拉线、连接金属的安全系数不得小于3。

（4）在金属结构跨越架架体组立过程中，必须确保上层内侧拉线与不停电导线的安全距离，严禁大幅度晃动。

（5）在特殊情况下，金属结构跨越架的拉线与被跨越线路间的距离不能满足安全距离时，应采取特殊安全措施。

（6）跨越架组立完成后，必须立即采取可靠的接地措施。

（7）跨越架架体的接地线必须用多股软铜线，其截面不得小于 25 mm^2，接地棒埋深不得小于 0.6 m。接地线与架体、接地棒应连接牢固，不得缠绕。

（8）绝缘网的弛度不得大于 2.5 m，且距架空地线的最小净间距按表2—3选择。在雨季施工时应考虑绝缘网受潮后弛度的增加。

（9）在多雨季节和空气潮湿工况下，应在封网处用承力绳与架体横担连接处采取分流保护措施。

（10）封顶绝缘材料必须保证在雨、雪、风、霜等恶劣天气条件下，距被跨越电力线路架空地线的最小净间距满足相关要求。

（11）操作液压系统的工作人员手臂不能靠近顶升液压缸的活塞杆，使用的工具也不得触及顶升液压缸的活塞杆。

41. 搭设钢管、木质、毛竹跨越架要采取哪些安全技术措施?

(1) 跨越架顶端两侧应设外伸羊角，宽度应超出新建线路两边线各 2 m。

(2) 跨越电气化铁路和 35 kV 以上的电力线的跨越架，应使用绝缘材料封顶。

(3) 绑扎用铁丝单根展开长度不得大于 1.6 m。

(4) 拆除跨越架时，应由上向下逐根拆除。拆下的材料应有人传送，不得向下抛扔。

42. 跨越架跨越索道时要采取哪些安全技术措施?

(1) 若利用架空地线充当承力索，在索道跨越施工前，应对充当承力索的架空地线做全面检查，该地线不得有断股、假焊和表面严重损伤现象。

(2) 展放用滑车、挂钩在使用前应全面检查，查看是否有挂钩保险失灵，滑车变形、损伤、转动不灵活等现象。

(3) 在承力索两端固定点内侧应加设保险绳套。

(4) 施工中选用的所有绝缘绳网，使用前必须保持干燥，并按要求进行摇表复测。

高处作业个体安全防护

一、安 全 帽

43. 高处作业安全防护用品有哪些?

高处作业安全防护用品主要包括安全帽、安全带、安全网、防滑鞋、电工用绝缘手套、绝缘鞋等。

44. 什么是安全帽?

安全帽是指对人头部受坠落物及其他特定因素引起的伤害起防护作用的钢制或类似材料制成的帽子。它是防冲击的主要防护用品,可以承受和分散坠落物的冲击力,并保护或减轻人从高处坠落头部先着地面的撞击伤害。安全帽的组成见表3—1,结构如图3—1所示。

表 3—1 安全帽的组成

安全帽	帽壳(安全帽外表面的组成部分)	帽舌	帽壳前部伸出的部分
		帽檐	在帽壳上,除帽舌以外帽壳周围其他伸出的部分
		顶筋	用来增强帽壳顶部强度的结构

续表

安全帽	帽衬（帽壳内部部件的总称）	帽箍	绕头围起固定作用的带圈，包括调节带圈大小的结构
		吸汗带	附加在帽箍上的吸汗材料
		缓冲垫	设置在帽箍和帽壳之间吸收冲击能量的部件
		衬带	与头顶直接接触的带子
	下颏带（系在下巴上，起辅助固定作用的带子）	系带	锁紧卡是调节与固定系带有效长短的零部件
		锁紧卡	
	附件		附加于安全帽的装置。包括眼面部防护装置、耳部防护装置、主动降温装置、电感应装置、颈部防护装置、照明装置、警示标志等

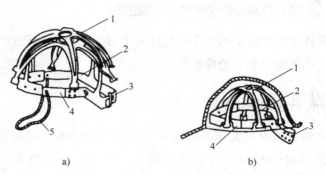

图 3—1 安全帽的结构

a）双层顶带式 b）单层顶带式

1—顶带 2—帽箍 3—后枕箍带 4—吸汗带 5—下颏带

45. 安全帽主要适用于哪些场所?

（1）普通安全帽。适用于大部分工作场所，包括建设工地、工厂、交通运输等。在这些场所可能存在坠落物伤害、轻微磕碰、飞溅的小物品引起的打击等。

（2）含特殊性能的安全帽。特殊性能的安全帽可作为普通安全帽使用，具有普通安全帽的所有性能。特殊性能可以按照不同组合适用于特定的场所。按照特殊性能的种类其对应的工作场所包括：

1）阻燃性。阻燃性安全帽适用于可能短暂接触火焰，短时局部接触高温物体或曝露于高温的场所。

2）抗侧压性能。抗侧压性能安全帽适用于可能发生侧向挤压的场所。包括可能发生塌方、滑坡的场所，存在可预见的翻倒物体，可能发生速度较低的冲撞场所。

3）防静电性能。防静电性能安全帽适用于对静电高度敏感、可能发生引爆燃的危险场所，包括油船船仓，含高浓度瓦斯煤矿、天然气田，烃类液体灌装场所，粉尘爆炸危险场所及可燃气体爆炸危险场所。在上述场所中安全帽可能同佩戴者以外的物品接触或摩擦，使用防静电安全帽时所穿戴的衣物应符合防静电规程的要求。

4）绝缘性能。绝缘性能安全帽适用于可能接触400 V以下三相交流电的工作场所。

5）耐低温性能。耐低温性能安全帽适用于头部需要保温且环境温度不低于−20℃的工作场所。

（3）其他可能存在的特殊性能。根据工作的实际情况可能存在以下特殊性能，包括摔倒及跌落的保护、导电性能，防高压电性能、耐超低温、耐极高温性能、抗熔融金属性能等，《安全帽》（GB 2811—2007）未详细规定其性能及检测要求。制造商和采购方应参照GB 2811—2007做出技术方面的补充协议。

46. 对安全帽的帽箍、系带、附件、突出物有哪些要求?

（1）帽箍可根据安全帽标识中明示的适用头围尺寸进行调整。

（2）帽箍对应前额的区域应有吸汗性织物或增加吸汗带，吸汗带宽度大于或等于帽箍的宽度。

（3）系带应采用软质纺织物，宽度不小于 10 mm 的带或直径不小于 5 mm 的绳。

（4）当安全帽配有附件时，应保证安全帽正常佩戴时的稳定性。安全帽应不影响其正常防护功能。

（5）帽壳内侧与帽衬之间存在的突出物高度不得超过 6 mm，突出物应有软垫覆盖。

47. 对安全帽的材料、质量有哪些要求?

（1）不得使用有毒、有害或引起皮肤过敏等对人体有害的材料。

（2）材料耐老化性能应不低于产品标识明示的日期，正常使用的安全帽在使用期内不能因材料原因导致其性能低于标准要求。所有使用的材料应具有相应的预期寿命。

（3）普通安全帽的质量不应超过 430 g，防寒安全帽的质量不应超过 600 g。

48. 安全帽的结构尺寸有哪些规定?

（1）帽壳内部尺寸。

1）长：195~250 mm。

2）宽：170~220 mm。

3）高：120~150 mm。

（2）帽舌：10~70 mm。

（3）帽沿：≤70 mm。

49. 安全帽应包括哪些标识？

每顶安全帽的标识由永久标识和产品说明组成。

（1）永久标识。刻印、缝制、铆固标牌、模压或注塑在帽壳上的永久性标志。必须包括：

1）《安全帽》（GB 2811—2007）的标准编号。

2）制造厂名。

3）生产日期（年、月）。

4）产品名称（由生产厂命名）。

5）产品的特殊技术性能（如果有）。

（2）产品说明。每个安全帽均要附加一个含有下列内容的说明材料，可以使用印刷品、图册或耐磨不干胶贴等形式，提供给最终使用者。必须包括：

1）声明："为充分发挥保护力，安全帽佩戴时必须按头围的大小调整帽箍并系紧下颏带。"

2）声明："安全帽在经受严重冲击后，即使没有明显损坏，也必须更换。"

3）声明："除非按制造商的建议进行，否则对安全帽配件进行的任何改造和更换都会给使用者带来危险。"

4）是否可以改装的声明。

5）是否可以在外表面涂敷油漆、溶剂、不干胶贴的声明。

6）制造商的名称、地址和联系资料。

7）为合格品的声明及资料。

8）适用和不适用场所。

9）适用头围的大小。

10）安全帽的报废判别条件和保质期限。

11）调整、装配、使用、清洁、消毒、维护、保养和储存方面的说明和建议。

12）使用的附件和备件（如果有）的详细说明。

50. 佩戴安全帽的距离和高度有哪些规定？

（1）水平间距。安全帽在佩戴时，帽箍与帽壳内侧之间在水平面上的径向距离即为水平间距，一般为 5~20 mm。

（2）垂直间距。安全帽在佩戴时，头顶最高点与帽壳内表面之间的轴向距离（不包括顶筋的空间）即为垂直间距。按照国家标准《安全帽测试方法》（GB/T 2812—2006）中垂直间距测量的方法测量，垂直间距应小于或等于 50 mm。

（3）佩戴高度。安全帽在佩戴时，帽箍底部至头顶最高点的轴向距离即为佩戴高度。按照国家标准《安全帽测试方法》（GB/T 2812—2006）中佩戴高度测量的方法测量，佩戴高度应为 80~90 mm。

51. 如何正确使用安全帽？

进入建筑施工现场必须正确佩戴安全帽，且施工现场安全帽宜分色佩戴。

安全帽的佩戴和使用要符合标准规定。如果佩戴和使用不正确，就起不到充分防护的作用。一般应注意下列内容：

（1）戴安全帽前应将帽后调整带按自己头型调整到合适的位置，然后将帽内弹性带系牢。缓冲衬垫的松紧由带子调节，人的头顶和帽体内顶部的空间垂直距离一般应为 32～50 mm，这样才能保证当遭受冲击时，帽体内有足够的空间可以用来缓冲，平时也有利于头和帽体间的通风。

（2）不可将安全帽歪戴，也不可把帽沿戴在脑后方。否则，会降低安全帽对冲击的防护作用。

（3）安全帽的下颏带必须扣在颏下，并系牢，松紧要适度。这样可以避免因大风、其他障碍物，或者头的前后摆动而使安全帽脱落。

（4）安全帽体的顶部除了在帽体内部安装了帽衬外，有的还开小孔通风，但在使用时不可为了透气而随便再行开孔，因为这样做将会使帽体的强度降低。

（5）由于安全帽在使用过程中会逐渐损坏，所以要定期检查是否有龟裂、下凹、裂痕和磨损等情况，如发现异常现象要立即更换，不可再继续使用。任何受过重击、有裂痕的安全帽，不论有无损坏现象，均应报废。

（6）严禁使用帽内无缓冲层的安全帽。

（7）施工人员在现场作业中，不得将安全帽搁置一旁。

（8）由于大部分安全帽是使用高密度低压聚乙烯塑料制成，具有硬化和蜕变的性质，所以不宜长时间在阳光下曝晒。

（9）新领的安全帽，首先检查是否有有关部门允许生产的证明及产品合格证，再看是否有破损、薄厚不均现象，缓冲层及调整带和弹性带是否齐全有效。不符合规定要求的应立即调换。

（10）使用安全帽时应保持整洁，不宜接触火源，不要任意涂刷油漆，不可当凳子坐，防止丢失。如果丢失或损坏，必须立即补发或更换。未佩戴安全帽者一律不准进入施工现场。

二、安 全 带

52. 什么是安全带?

安全带是防止高处作业人员发生坠落或者发生坠落后将作业人员安全悬挂的个人防护装备。

53. 安全带由哪些部件组成?

安全带的组成见表3—2。

表3—2　　　　　　　　　　安全带的组成

分类	部件组成	挂点装置
围杆作业安全带	系带、连接器、调节器（调节扣）、围杆带（围杆绳）	杆（柱）
区域限制安全带	系带、连接器（可选）、安全绳、调节器	挂点
	系带、连接器（可选）、安全绳、调节器、滑车	导轨
坠落悬挂安全带	系带、连接器（可选）、缓冲器（可选）、安全绳	挂点
	系带、连接器（可选）、缓冲器（可选）、安全绳、自锁器	导轨
	系带、连接器（可选）、缓冲器（可选）、速差自控器	挂点

（1）安全绳。安全绳是在安全带中连接系带与挂点的绳（带、钢丝绳）。安全绳一般起扩大或限制佩戴者活动范围、吸收冲击能量的作用。

（2）缓冲器。缓冲器是串联在系带和挂点之间，发生坠落时吸收部分冲击能量、降低冲击力的部件。

（3）速差自控器（收放式防坠器）。速差自控器是安装在挂点上，装有可伸缩长度的绳（带、钢丝绳），串联在系带和挂点之间，在坠落发生时因速度变化引发制动作用的部件。

（4）自锁器（导向式防坠器）。自锁器附着在导轨上、由坠落动作引发制动作用的部件。该部件不一定有缓冲能力。

（5）系带。系带是人体坠落时支撑和控制人体、分散冲击力，避免人体受到伤害的部件。系带由织带、带扣及其他金属部件组成，一般有全身系带、单腰系带、半身系带。

（6）连接器。连接器是有常闭活门的连接部件。该部件用于将系带和绳或绳和挂点连接在一起。

（7）调节器。调节器是用于调整安全绳长短的部件。

54. 安全带分为哪几类?

按照使用条件的不同，安全带分为围杆作业安全带、区域限制安全带、坠落悬挂安全带。

（1）围杆作业安全带。围杆作业安全带是通过围绕在固定构造物上的绳或带，将人体绑定在固定构造物附近，使作业人员的双手可以进行其他操作的安全带。

围杆作业安全带使用如图3—2所示。

（2）区域限制安全带。区域限制安全带是用以限制作业人员的活动范围，避免其到达可能发生坠落区域的安全带。区域限制安全带使用如图3—3所示。

（3）坠落悬挂安全带。坠落悬挂安全带是在高处作业或登高人员发生坠落时，将作业人员安全悬挂的安全带。坠落悬挂安全带使用如图3—4所示。

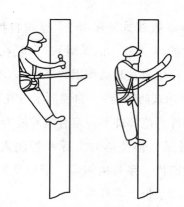

图 3—2 围杆作业安全带使用示意图

66

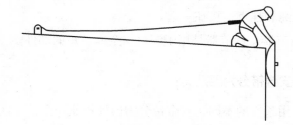

图 3—3 区域限制安全带使用示意图

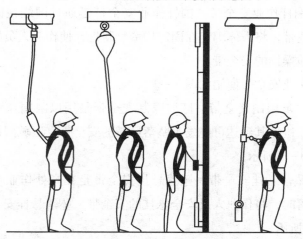

图 3—4 坠落悬挂安全带使用示意图

55. 围杆作业安全带应满足哪些技术要求?

（1）整体静态负荷。围杆作业安全带按国家标准《安全带测试方法》（GB/T 6096—2009）中围杆作业安全带整体静态负荷测试的方法进行整体静态负荷测试,应满足下列要求:

1）整体静拉力应不小于 4.5 kN。不应出现织带撕裂、开线,金属件碎裂,连接器开启,绳断,金属件塑性变形,模拟人滑脱等现象。

2）安全带不应出现明显不对称滑移或不对称变形。

3）模拟人的腋下、大腿内侧不应有金属件。

4）不应有任何部件压迫模拟人的喉部、外生殖器。

5）织带或绳在调节扣内的滑移应不大于 25 mm。

（2）整体滑落。围杆作业安全带按国家标准《安全带测试方法》（GB/T 6096—2009）中围杆作业安全带整体滑落测试的方法进行整体滑落测试,应满足下列要求:

1）不应出现织带撕裂、开线,金属件碎裂,连接器开启,带扣松脱,绳断,模拟人滑脱等现象。

2）安全带不应出现明显不对称滑移或不对称变形。

3）模拟人悬吊在空中时,其腋下、大腿内侧不应有金属件。

4）模拟人悬吊在空中时,不应有任何部件压迫模拟人的喉部、外生殖器。

5）织带或绳在调节扣内的滑移应不大于 25 mm。

56. 区域限制安全带应满足哪些技术要求?

区域限制安全带按国家标准《安全带测试方法》（GB/T 6096—

2009）中区域限制安全带整体静态负荷测试的方法进行整体静态负荷测试，应满足下列要求：

1）整体静拉力应不小于 2 kN。

2）不应出现织带撕裂、开线，金属件碎裂，连接器开启，绳断，金属件塑性变形等现象。

3）安全带不应出现明显不对称滑移或不对称变形。

4）模拟人的腋下、大腿内侧不应有金属件。

5）不应有任何部件压迫模拟人的喉部、外生殖器。

57. 坠落悬挂安全带应满足哪些技术要求？

（1）整体静态负荷。坠落悬挂安全带按国家标准《安全带测试方法》（GB/T 6096—2009）中坠落悬挂安全带整体静态负荷测试的方法进行整体静态负荷测试，应满足下列要求：

1）整体静拉力应不小于 15 kN。

2）不应出现织带撕裂、开线，金属件碎裂，连接器开启，绳断，金属件塑性变形，模拟人滑脱，缓冲器（绳）断等现象。

3）安全带不应出现明显不对称滑移或不对称变形。

4）模拟人的腋下、大腿内侧不应有金属件。

5）不应有任何部件压迫模拟人的喉部、外生殖器。

6）织带或绳在调节扣内的滑移应不大于 25 mm。

（2）整体动态负荷。坠落悬挂安全带及含自锁器、速差自控器、缓冲器的坠落悬挂安全带按国家标准《安全带测试方法》（GB/T 6096—2009）中坠落悬挂安全带整体动态负荷测试的方法进行整体动态负荷测试，应满足下列要求：

1）冲击作用力峰值应不大于 6 kN。

2）伸展长度或坠落距离不应大于产品标识的数值。

3）不应出现织带撕裂、开线，金属件碎裂，连接器开启，绳断，模拟人滑脱，缓冲器（绳）断等现象。

4）坠落停止后，模拟人悬吊在空中时不应出现模拟人头朝下的现象。

5）坠落停止后，安全带不应出现明显不对称滑移或不对称变形。

6）坠落停止后，模拟人悬吊在空中时安全绳同主带的连接点应保持在模拟人的后背或后腰，不应滑动到腋下、腰侧。

7）坠落停止后，模拟人悬吊在空中时模拟人的腋下、大腿内侧不应有金属件。

8）坠落停止后，模拟人悬吊在空中时不应有任何部件压迫模拟人的喉部、外生殖器。

9）坠落停止后，织带或绳在调节扣内的滑移应不大于 25 mm。

对于有多个连接点或多条安全绳的安全带，应分别对每个连接点和每条安全绳进行整体动态负荷测试。

58. 安全带的总体结构要满足哪些要求?

（1）安全带与身体接触的一面不应有突出物，结构应平滑。

（2）安全带不应使用回料或再生料，使用皮革不应有接缝。

（3）安全带可同工作服合为一体，但不应封闭在衬里内，以便穿脱时检查和调整。

（4）安全带按国家标准《安全带测试方法》（GB/T 6096—2009）中模拟人穿戴测试的方法进行模拟人穿戴测试，腋下、大腿内侧不应有绳、带以外的物品，不应有任何部件压迫喉部、外生殖器。

（5）坠落悬挂安全带的安全绳同主带的连接点应固定于佩戴者的后背、后腰或胸前，不应位于腋下、腰侧或腹部。

（6）旧产品应按国家标准《安全带测试方法》（GB/T 6096—2009）中主带、安全绳静态负荷测试的方法进行静态负荷测试，当主带或安全绳的破坏负荷低于 15 kN 时，该批安全带应报废或更换相应部件。

（7）围杆作业安全带、区域限制安全带、坠落悬挂安全带当分别满足基本技术性能要求时可组合使用，各部件应相互浮动并有明显标志；如果共用同一具系带应满足坠落悬挂安全带的要求。

（8）坠落悬挂安全带应带有一个足以装下连接器及安全绳的口袋。

59. 安全带的零部件要满足哪些要求？

（1）金属零件应浸塑或电镀以防锈蚀。

（2）调节扣不应划伤带子，可以使用滚花的零部件。

（3）所有零部件应顺滑，无材料或制造缺陷，无尖角或锋利边缘。8 字环、品字环不应有尖角、倒角，几何面之间应采用 $R4$ mm 以上圆角过渡。

（4）金属环类零件不应使用焊接件，不应留有开口。

（5）连接器的活门应有保险功能，应在两个明确的动作下才能打开。

（6）金属零件按国家标准《安全带测试方法》（GB/T 6096—2009）中盐雾测试的方法进行盐雾试验，应无红锈或其他明显可见的腐蚀痕迹，但允许有白斑。

（7）在爆炸危险场所使用的安全带，应对其金属件进行防爆处理。

60. 安全带的织带和绳要满足哪些要求？

（1）主带扎紧扣应可靠，不能意外开启。

（2）主带应是整根，不能有接头。宽度应不小于 40 mm。

（3）辅带宽度应不小于 20 mm。

（4）腰带应和护腰带同时使用。

（5）安全绳（包括未展开的缓冲器）有效长度应不大于 2 m，有两根安全绳（包括未展开的缓冲器）的安全带，其单根有效长度应不大于 1.2 m。

（6）安全绳编花部分可加护套，使用的材料不应同绳的材料产生化学反应，应尽可能透明。

（7）护腰带整体硬挺度应不小于腰带的硬挺度，宽度应不小于 80 mm，长度应不小于 600 mm，接触腰的一面应有柔软、吸汗、透气的材料。

（8）织带和绳的端头在缝纫或编花前应经燎烫处理，不应留有散丝。

（9）织带折头连接应使用线缝，不应使用铆钉、胶粘、热合等工艺。

（10）钢丝绳的端头在形成环眼前应使用铜焊或加金属帽（套）将散头收拢。

（11）织带折头缝纫后及绳头编花后不应进行燎烫处理。

（12）绳、织带和钢丝绳形成的环眼内应有塑料或金属支架。

（13）禁止将安全绳用作悬吊绳。禁止悬吊绳与安全绳共用连接器。

（14）所有绳在构造上和使用过程中不应打结。

（15）每个可拍（飘）动的带头应有相应的带箍。

（16）用于焊接、炉前、高粉尘浓度、强烈摩擦、割伤危害、静电危害、化学品伤害等场所的安全绳应加相应护套。

（17）缝纫线应采用与织带无化学反应的材料，颜色与织带应有区别。

61. 如何正确使用和保管安全带?

（1）高处作业必须使用安全带，尤其是在搭设各种脚手架与吊装作业人员在高空移动和作业时，必须系挂好安全带。独立悬空的作业人员除有安全网防护之外，还需要以安全带作为防护措施的补充。安全带应垂直悬挂，须高挂低用；当水平位置悬挂使用时，要注意摆动、碰撞；不宜低挂高用；安全带严禁打结、续接，以防止绳结受力后剪断；为防止绳被割断，不得将钩直接挂在不牢固物和非金属绳上，避免明火和刺割。

（2）架子工使用的安全带绳长范围限定在 1.5~2.0 m 之间。

（3）使用 3 m 以上长绳需加缓冲器。

（4）缓冲器、自锁钩和速差式自控装置可以串联使用。

（5）不可任意拆卸安全带上的部件，更换新绳时要注意加绳套。

（6）安全带使用两年后，按批量购入情况，抽验一次。对抽验过的样带，必须在更换安全绳后方可继续使用。

（7）使用频繁的绳，要经常做外观检查，如有异常，应立即更换新绳。带子的使用期限为 3~5 年，发现异常应提前报废。

三、安　全　网

62. 什么是安全网?

安全网是用来防止人、物坠落,或用来避免、减轻坠落物造成伤害的网具。

安全网的适用范围极广,大多用于各种高处作业。高处作业坠落隐患,常发生在架子、屋顶、窗口、悬挂、深坑、深槽等处。

63. 安全网由哪些部分组成?

安全网一般由网体、边绳、系绳、筋绳等构件组成,见表3—3。

表3—3　　　　　　　　　　安全网的组成

安全网组成	网体	由单丝、线、绳等经编织或采用其他成网工艺制成的,构成安全网主体的网状物
	边绳	沿网体边缘与网体连接的绳
	系绳	把安全网固定在支撑物上的绳
	筋绳	为增加安全网强度而有规则地穿在网体上的绳

64. 安全网包括哪些种类?

根据安装平面与水平面的位置及产品功能,目前国内广泛使用的安全网可以分为安全平网、安全立网和密目式安全立网三类,见表3—4。

表 3—4		安全网的分类
安全网类别	平网	安装平面不垂直于水平面，用来防止人或物坠落的安全网
	立网	安装平面垂直于水平面，用来防止人或物坠落的安全网
	密目式安全立网（亦称密目网）	网目密度不低于 800 目/100 cm²，垂直于水平面安装，用于防止人员坠落及坠物伤害的网。一般由网体、开眼环扣、边绳和附加系绳组成

注：1. 字母 P、L、ML 分别代表平网、立网及密目式安全立网。

2. 以上所称密目网系指密目式安全立网。

65. 安全网的选用应符合哪些规定?

（1）建筑施工安全网的选用应符合下列规定：

1）安全网的材质、规格、要求及其物理性能、耐火性、阻燃性应满足国家标准《安全网》（GB 5725—2009）的规定。

2）密目式安全立网的网目密度应为 10 cm×10 cm = 100 cm² 面积上大于或等于 2 000 目。

（2）当需采用平网进行防护时，严禁使用密目式安全立网代替平网使用。

（3）施工现场在使用密目式安全立网前，应检查产品分类标记、产品合格证、网目数及网体重量，确认合格方可使用。

66. 如何标记安全网?

（1）平（立）网的分类标记由产品材料、产品分类及产品规格尺寸三部分组成：

1）产品分类以字母 P 代表平网、字母 L 代表立网。

2）产品规格尺寸以宽度×长度表示，单位为 m。

3）阻燃型网应在分类标记后加注"阻燃"字样。

示例 1：宽度为 3 m、长度为 6 m、材料为锦纶的平网表示为锦纶 P-3×6。

示例 2：宽度为 1.5 m、长度为 6 m、材料为维纶的阻燃型立网表示为维纶 L-1.5×6 阻燃。

（2）密目网的分类标记由产品分类、产品规格尺寸和产品级别三部分组成：

1）产品分类以字母 ML 代表密目网。

2）产品规格尺寸以宽度×长度表示，单位为 m。

3）产品级别分为 A 级和 B 级。

示例：宽度为 1.8 m、长度为 10 m 的 A 级密目网表示为"ML-1.8×10A 级"。

67. 如何搭设安全网？

在建筑施工中，脚手架在距地面 3~5 m 处设置首层水平安全网，上面每隔 10 m（或小于 10 m）搭设一道伸出脚手架作业层外立面 3 m 宽的水平安全网，并随楼层砌高而逐道搭设，当脚手架高度 $H \leqslant 24$ m 时，首层网伸出脚手架作业层外立面 3~4 m。脚手架高度 $H > 24$ m 时，首层网伸出脚手架作业层外立面 5~6 m。使用外脚手架施工时，沿脚手架的外侧面应全部设置立网。

安全网有多种架设方式，如支搭、吊挂、兜挂等，在架设安全网时，应根据其位置及作用选用不同的架设方式。

（1）杆件支搭水平安全网。脚手架高度 $H \leqslant 24$ m 时，首层网伸出脚手架作业层外立面 3~4 m，如图 3—5a 所示。当脚手架高度 $H > 24$ m 时，首层网伸出脚手架作业层外立面 5~6 m，如图 3—5b 所示。

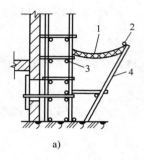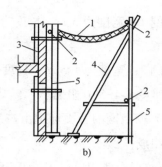

图3—5　首层网结构

a）3 m宽平网　b）6 m宽平网

1—平网　2—纵向水平杆　3—栏杆　4—斜杆　5—立杆

使用杉篙、竹竿或钢管支搭安全网时，至少需要4人配合上下层同时操作。图3—6所示为施工现场应用最多的形式。

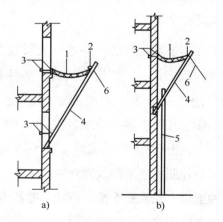

图3—6　杆件支搭水平安全网

a）墙面有窗口　b）墙面无窗口

1—平网　2—纵向水平杆　3—栏墙杆　4—斜杆　5—立杆　6—麻绳

支搭水平安全网的顺序和方法如下：

1）当墙面有窗口时，先将安全网的外连墙杆（横放在窗口外）从上一层的窗口伸出去，并与内连墙杆（横放在窗口内）绑扎牢固。在下一层的窗口处用斜杆与安全网的纵向水平杆绑扎好，然后将斜杆从窗口内支出去撑在窗台上，再与外连墙杆绑扎牢固，最后将内外连墙杆绑扎牢固，如图 3—6a 所示。也可以在地面上将安全网与纵向水平杆和斜杆绑扎好，然后用绳子吊上去再与外连墙杆绑扎后斜向伸出去。

2）要求支出去的安全网外口距离墙面不得小于 2 m，支设安全网的斜杆之间的间距不得大于 4 m。

3）在无窗口的山墙上，应事先在砌墙时预留洞或设预埋件，以便支撑斜杆。可以在外墙角另立一根立杆，再与斜杆绑扎牢固来架设安全网，如图 3—6b 所示。还可以用短钢管穿墙与斜杆用回转扣件连接，来支设斜杆和搭设安全网。

如在脚手架上设置水平安全网，则应在设置水平安全网支架的框架层上下节点各设置一个连墙件，水平方向每隔两跨设置一个连墙件，如图 3—7 所示。

（2）钢吊杆架设安全网。用一套工具式的钢吊杆来架设安全网较为轻巧、方便，如图3—8所示。

（3）采用抱角式悬挑支架搭设安全网。在大板结构施工中，山墙阳角处可采用抱角式悬挑支架搭设安全网，抱角式悬挑支架由抱角支架、抱角支架固定器和侧墙支撑器三部分组成。

1）抱角支架。在建筑物的每个转角处安装一台抱角支架，用来支撑安全网，如图 3—9 所示。

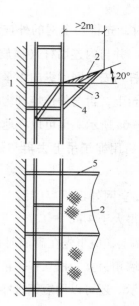

图 3—7　安全网支架处设置连墙件

1—连墙件　2—安全网　3—安全网支架拉杆　4—安全网支架撑杆　5—安全网支架

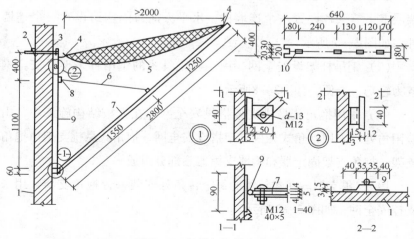

图 3—8　钢吊杆架设安全网

1—砖墙　2—销子　3—销片　4—Φ12 钢筋钩　5—安全网　6—尼龙绳

7—斜杆　8—卡子　9—Φ12 吊杆　10—销孔 14×30R7

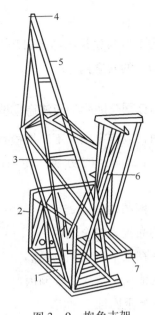

图 3—9　抱角支架

1—平台　2—栏杆　3—靠墙角支架　4—悬挂安全滑轮

5—安全网支架　6—紧线器　7—附墙滑轮

2）抱角支架的固定器。每个抱角支架需要 2 个固定器分别卡在转角处两外墙窗口的墙上，再用 2 根钢丝绳分别拉住抱角支架支柱的上、下两端，使抱角支架悬挂在建筑物的墙角处。

3）侧墙支撑器。为了防止安全网过长而发生下垂现象，利用外窗口固定侧墙支撑器将安全网撑起来。

4）屋面防护卡具。在屋面施工时，可用屋面防护卡具卡在檐口板前缘，其间距为 1.5 m，安全网就挂在卡具的立杆上。

（4）立网的设置。高层建筑使用外脚手架施工时，沿脚手架的外侧面应全部设置与地面垂直的立网。立网应与脚手架的立杆、纵向水平杆、横向水平杆绑扎牢固，与架体外立面的最大间隙不得超过

100 mm。

在操作层上，网的下口与建筑物挂搭封严，形成兜网，或在操作层脚手板下另设一道固定的安全网。

68. 安全平网和立网在使用中应注意哪些事项?

对使用中的安全网，应作定期或不定期检查，并及时清理网上的落物，当受到较大冲击后应及时更换。使用时，应避免发生下列现象：

（1）随便拆除安全网的构件。

（2）人跳进或把物品投入安全网内。

（3）在安全网内或在其下方堆积物品。

（4）大量焊接或其他火星落入安全网内。

（5）安全网周围有严重腐蚀性烟雾。

安全网应由现场专人保管发放，暂时不用的应存在通风、避光、隔热、无化学品污染的仓库。

登高作业安全防护设施

一、临边与洞口作业

69. 登高架设作业的基本类型包括哪些?

登高架设作业主要包括临边与洞口作业、攀登与悬空作业、操作平台作业和交叉作业等。

70. 什么是临边作业和洞口作业?

临边作业是指在工作面边沿无围护或者围护设施高度低于800 mm的高处作业,包括楼板边,楼梯段边,屋面边,阳台边,各类坑、沟、槽等边沿的高处作业。

洞口作业是指在地面、楼面、屋面和墙角等有可能使人和物料坠落,且坠落高度大于或等于2 m的开口处的高处作业。

71. 临边作业安全防护有哪些主要设施?

对于临边高处作业,应采取的防护措施为设置安全防护设施。临边作业安全防护设施主要有防护栏杆、安全网和安全门。防护栏杆为应用最多的临边防护设施。

72. 临边作业安全防护应符合哪些基本规定?

临边作业应符合以下规定:

（1）在坠落高度基准面 2 m 及以上进行临边作业时，应在临空一侧设置防护栏杆，并应采取密目式安全立网或工具式栏板封闭。

（2）分层施工的楼梯口、楼梯平台和梯段边，应安装防护栏杆；外设楼梯口、楼梯平台和梯段边还应采用密目式安全立网封闭。

（3）建筑物外围边沿处，应采用密目式安全立网进行全封闭，有外脚手架的工程，密目式安全立网应设置在脚手架外侧立杆上，并与脚手架紧密连接；没有外脚手架的工程，应采用密目式安全立网将临边全封闭。

（4）施工升降机、龙门架和井架物料提升机等各类垂直运输设备设施与建筑物间设置的通道平台两侧边，应设置防护栏杆、挡脚板，并应采用密目式安全立网或工具式栏杆封闭。

（5）各类垂直运输接料平台应设置高度不低于 1.8 m 的楼层防护门，并应设置防外开装置；多笼井架物料提升机通道中间，应分别设置隔离设施。

73. 临边作业防护栏杆的构造应符合什么规定?

临边作业应设置防护栏杆，主要构造如图 4—1 至图 4—4 所示。

（1）临边作业的防护栏杆应由横杆、立杆及不低于 180 mm 高的挡脚板组成，并应符合下列规定:

1）防护栏杆应为两道横杆，上杆距地面高度应为 1.2 m，下杆应在上杆和挡脚板中间设置。当防护栏杆高度大于 1.2 m 时，应增设横杆，横杆间距应不大于 600 mm。

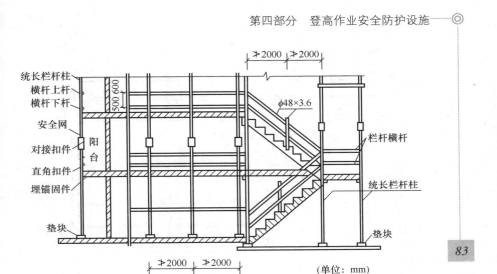

图 4—1　楼梯口、梯段边防护栏杆

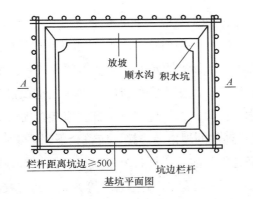

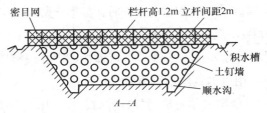

图 4—2　基坑施工安全防护示意图

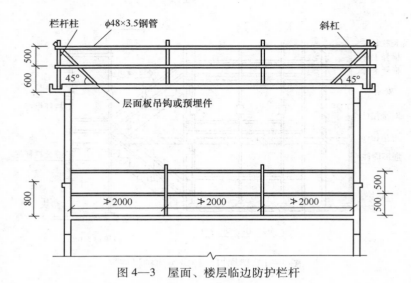

图4—3 屋面、楼层临边防护栏杆

2）防护栏杆立杆间距不应大于2 m。

（2）防护栏杆立杆底端应固定牢固，并应符合下列规定：

1）当在基坑四周土体上固定时，应采用预埋或者打入方式固定。当基坑周边采用板桩时，如用钢管做立杆，钢管立杆应设置在板桩外侧。

2）当采用木立杆时，预埋件应与木杆件连接牢固。

（3）防护栏杆杆件的规格及连接，应符合下列规定：

1）当采用钢管作为防护栏杆杆件时，横杆及栏杆立杆应采用脚手钢管，并应采用扣件、焊接、定型套管等方式进行连接固定。

2）当采用原木作为防护栏杆杆件时，杉木稍径不应小于80 mm，红松、落叶松稍径不应小于70 mm；栏杆立杆木杆稍径不应小于70 mm，并应采用8号镀锌铁丝或回火铁丝进行绑扎，绑扎应牢固紧密，不得出现斜滑现象。用过的铁丝不得重复使用。

3）当采用其他型材作防护栏杆杆件时，应选用与脚手钢管材质强度相当规格的材料，并应采用螺栓、销轴或焊接等方式进行连接固定。

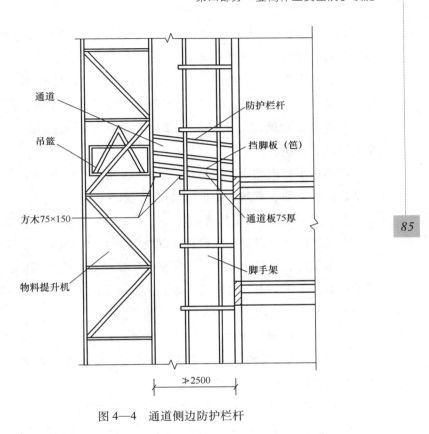

图4—4 通道侧边防护栏杆

（4）防护栏杆的立杆和横杆的设置、固定及连接应确保在上下横杆和立杆任何处均能承受任何方向最小 1 kN 的外力作用，当栏杆所处位置有发生人群拥挤、车辆冲击和物件碰撞等可能时，应加大横杆截面或加密立杆间距。

（5）防护栏杆应张挂密目式安全立网。

74. 临边作业设置的垂直起重机械有哪些要求？

（1）物料提升机的临边防护：

1）楼层卸料平台的防护。在建工程各楼层与物料提升机连接处须搭设卸料平台，即卸料通道。

①卸料平台宽度不可小于 80 cm，采用木脚手板横铺、铺满、铺严、铺稳、绑牢，以保证运输作业的安全进行。严禁采用钢模板做平台板。

②卸料平台两侧应设置 1~1.2 m 高防护栏杆及挡脚板，并挂安全立网或密目网。

③卸料平台内侧设置定型化、工具式的防护门，防护门须开、关灵活，使用方便、有效，防护门高度应为 1~1.2 m。

2）物料提升机的吊篮防护。

①吊篮两侧应设置固定栏板，其高度为 1~1.2 m。

②吊篮进、出料口必须设置定型化、工具式、构造简单、安全可靠的安全门，进、出料时开放，垂直运输时关闭，防止吊篮运行中物料的滚落。安全门应开、关灵活，关闭严密。

（2）外用电梯的临边防护：

1）外用电梯与各层站过桥和运输通道，应在两侧设置两道护身栏杆及挡脚板，并用密目网封闭。

2）在进出口处设置常闭型的防护门。防护门在梯笼运行时要处于关闭状态，当梯笼运行到某一层站时，该层站的防护门才可开启。防护门构造须安全可靠，必须是常闭型，平时应全部处于关闭状态，不能使门全部打开而形同虚设。

3）各层站的运行通道（平台）必须采用 5 cm 厚木板搭设，且平整牢固，不可采用竹板及厚度不一的板材，板与板之间应固定，沿梯笼运行一侧不允许有局部板伸出现象。

75. 孔、洞作业有哪些类型？

洞口包括孔、洞，孔、洞统称为洞口。

有坠落或踏入可能的楼面、地面和墙面的开口或敞口的部分，按大小分为孔与洞。

洞口分为平行于地面的，如楼板、人孔、梯道、天窗、管道沟槽、管井、地板门和斜通道等，称为平面洞口；垂直于地面的，如墙壁和窗台墙等，称为竖向洞口。

（1）孔。楼板、屋面、平台等面上，短边尺寸小于 25 cm 的洞口；墙上，高度小于 75 cm 的洞口都称为孔。

（2）洞。楼板、屋面、平台等面上，短边尺寸大于或等于 25 cm 的洞口；墙上，高度大于或等于 75 cm，宽度大于 45 cm 的洞口都称为洞。

也就是说楼板、屋面、平台等面上，短边尺寸达到了 25 cm 即为洞；墙上，高度达到了 75 cm，宽度达到了 45 cm 也称为洞。

（3）洞口作业。孔与洞边口旁的高处作业，包括施工现场及通道旁深度在 2 m 及 2 m 以上的桩孔、人孔、沟槽与管道、孔洞等边沿上的作业。还有一些洞口是因工程和工序的需要而产生的，使人与物有坠落的危险或危及人身安全，如俗称的施工现场"四口"：预留洞口、电梯井口、楼梯口、通道口等。

用具体的尺寸界定了孔、洞，是因为孔、洞产生的危险后果不同。孔的尺寸小，主要危险是落物，对下方人员造成危害；洞的尺寸大，主要危险是落物及落人，所造成的危害不仅仅是对下方人员，还有对本层人员的危害，其危险程度大于孔所造成的危害。因此，根据孔、洞（即洞口）尺寸的大小及作业条件应采取不同的防护措施，避免安全事故的发生。

76. 洞口作业安全防护应符合哪些基本规定？

（1）在洞口作业时，应采取防坠落措施。

（2）电梯井口应设置防护门，其高度不应小于 1.5 m，防护门底端距地面高度不应大于 50 m，并应设置挡脚板。

（3）在进入电梯安装施工工序之前，井道内应每隔 10 m 且不大于 2 层加设一道水平安全网。电梯井内的施工层上部应设置隔离防护设施。

（4）施工现场通道附近的洞口、坑、沟、槽、高处临边等危险作业处，应悬挂安全警示标志，夜间应设灯光警示。

（5）边长不大于 500 mm 洞口所加盖板，盖板应能承受不小于 1.1 kN/m^2 的荷载。

（6）墙面等处落地的竖向洞口、窗台高度低于 800 mm 的竖向洞口及框架结构在浇注完混凝土没有砌筑墙体时的洞口，应按临边防护要求设置防护栏杆。

77. 板与墙的洞口防护设施如何设置？

板与墙的洞口必须根据具体情况（较小的洞口可临时砌死）设置牢固的盖板、钢筋防护网、防护栏杆与安全平网或其他防坠落的防护设施，且符合下列要求：

（1）盖板：

1）楼板、屋面和平台等面上短边尺寸小于 25 cm，但长边尺寸大于 2.5 m 的孔口，必须用硬质、坚实的盖板盖没。盖板应采取有效措施能防止挪动移位，进而防止落物伤人。

2）楼板面等处边长为 25~50 cm 的洞口、安装预制构件时的洞口以及缺件临时形成的洞口，可用竹、木等作盖板，盖住洞口。盖板应能保持四周搁置均衡，并有固定其位置的措施。

3）不得随意拆除孔洞盖板。

（2）钢筋防护网。边长为 50~150 cm 的洞口，必须设置以扣件扣接钢管而成的网格，并在其上满铺竹笆或脚手板。也可以采用贯穿于混凝土板内的钢筋构成防护网，钢筋网格间距不得大于 20 cm，如图 4—5 所示。

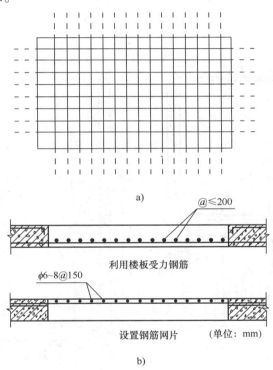

a)

@≤200

利用楼板受力钢筋

φ6~8@150

设置钢筋网片　（单位：mm）

b)

图 4—5　洞口钢筋防护网
a）平面图　b）剖面图

78. 电梯井口安全防护设施如何设置?

电梯井各层门口必须设置防护栏杆或固定栅门；电梯井内应每隔两层，且最多隔 10 m 设一道安全平网，平网内无杂物，网与井壁间隙不大于 10 cm。当防护高度超过一个标准层时，不可采用脚手板等硬质材料做水平防护。防护栏杆和固定栅门应整齐，固定需牢固，应采用工具式、定型化防护设施，装拆方便，便于周转和使用。也可砌筑高1.2 m的临时矮墙做防护，但此防护设施不提倡使用，如图4—6所示。固定栅门材质可选用铁栅门与木栏门，不管采用何种材质一定要固定牢固。

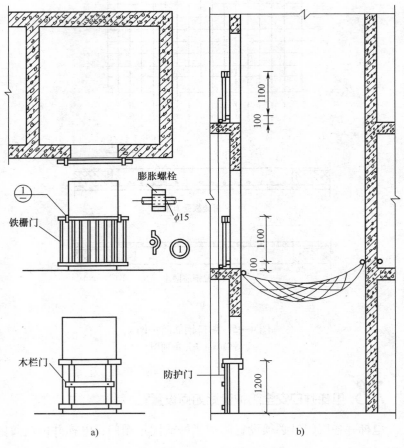

图4—6　电梯井口防护门（固定栅门）

a）立面图　b）剖面图

79. 楼梯口安全防护设施如何设置?

在建工程分层施工的楼梯口和梯段边,必须安装 1～1.2 m 高的双层护身临时栏杆。顶层楼梯口应随工程结构的进度安装正式的防护栏杆,即楼梯扶手应在楼梯踏步拆模后及时安装,如图4—7所示。

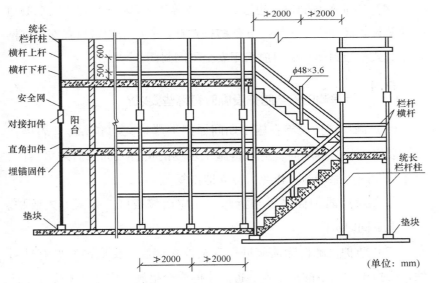

图4—7　楼梯口、梯段边防护栏杆

80. 洞口作业时,采取的防坠落措施应符合哪些规定?

在洞口作业时,应采取防坠落措施,并应符合下列规定:

(1)当垂直洞口短边边长小于 500 mm 时,应采取封堵措施;当垂直洞口短边边长大于或等于 500 mm 时,应在临空一侧设置高度不小于 1.2 m 的防护栏杆,并应采用密目式安全立网或工具式栏板封闭,设置挡脚板。

（2）当非垂直洞口短边尺寸为 25~500 mm 时，应采用承载力满足使用要求的盖板覆盖，盖板四周搁置应均衡，且应防止盖板移位。

（3）当非垂直洞口短边边长为 500~1 500 mm 时，应采用专项设计盖板覆盖，并应采取固定措施。

（4）当非垂直洞口短边边长大于或等于 1 500 mm 时，应在洞口作业侧设置高度不小于 1.2 m 的防护栏杆，并应采用密目式安全立网或工具式栏板封闭；洞口应采用安全平网封闭。

81. 拆除洞口安全防护设施时有哪些要求?

（1）洞口防护设施在施工期间原则上严禁变动和拆除。若因作业需要必须临时拆除时，应取得施工现场的负责人同意后才可拆除，且采取相应可靠措施，作业后应立即恢复。

（2）通道防护棚搭设与拆除时，应设警戒区，并派专人监护。严禁上下同时拆除。

（3）防护设施拆除前应进行安全技术交底，交底内容要有针对性，要指出拆除中的危险点、拆除中的安全措施。安全技术交底须严格履行签字手续，各司其职。

二、攀登与悬空作业

82. 什么是攀登作业，什么是悬空作业?

攀登作业是指借助登高用具或者登高设施进行的高处作业。悬空作业是指在周边无任何防护或防护设施不能满足防护要求的临空状态下进行的高处作业。

83. 梯子有哪些安全作业要求?

（1）梯子的荷载要求。梯子供人上下的踏板其使用荷载不可大于 1 100 N。当梯面上有特殊作业，且重量超过上述荷载时，应按实际情况进行验算。

（2）梯子的工作角度、踏板（横档）上下间距及梯子下端的防滑措施：

1）梯脚底部应坚实，不得垫高使用，以防受荷载后下沉或不稳定；梯子的上端须有固定措施，要扎牢，斜度不可过大，避免作业时滑倒。

2）立梯工作角度以 75°±5° 为宜，踏板上下间距 30 cm 为宜，不应有缺档。

3）梯子的下端需采取防滑措施。梯脚的防滑可采取防滑梯脚、捆、锚、夹住等措施。

（3）梯子的接长要求。梯子接长后，其稳定性会降低，所以梯子如需接长使用，须有可靠的连接措施。梯子的接头不可超过 1 处。连接后梯梁的强度不应低于单梯梯梁强度。

（4）不同形式梯子的技术要求。梯子的形式很多，有移动式梯子、折梯、固定式直爬梯、挂梯、伸缩梯、支架梯、手推梯、竹梯等。下面主要讲述移动式梯子、折梯、固定式直爬梯三种。

1）移动式梯子。要按现行的国家标准验收质量，不符合质量要求的不应使用。

2）折梯。折梯使用时上部夹角以 35°~45° 为宜，铰接必须牢固，并应有可靠的拉撑措施。

3）固定式直爬梯。固定式直爬梯应用金属材料制成，应采用甲类 3 号沸腾钢。梯宽不应大于 50 cm，支撑应采用不小于 L70×6 的角钢，埋设与焊接均必须牢固。梯子顶端的踏棍应与攀登的顶面齐平，并加设 1~1.5 m 高的扶手。

使用直爬梯进行攀登作业时，攀登高度以 5 m 为宜。超过 2 m 时，应加设护笼，超过 8 m 时，须设置梯间平台。

84. 哪些位置禁止攀登作业？

（1）不得在阳台之间等非规定的通道进行攀登。

（2）不可任意利用吊车臂架等施工设备进行攀登。

作业人员应从规定的通道上下。上下梯子时，应面向梯子，且不得手持器物；在通道处使用梯子，要有人监护或设置围挡。

85. 构件吊装和管道安装时的悬空作业应遵守哪些规定？

悬空作业应设有牢固的立足点，并应配置登高和防坠落的设施。严禁在未固定、无防护的构件及安装中的管道上作业或者通行。构件吊装和管道安装时的悬空作业应遵守以下规定：

（1）钢结构吊装，构件宜在地面组装，安全设施应一并设置。吊装时，应在作业层下方设置一道水平安全网。

（2）吊装钢筋混凝土屋架、梁、柱等大型构件前，应在构件上预先设置登高通道、操作立足点等安全设施。

（3）在高空安装大模板、吊装第一块预制构件或单独的大中型预制构件时，应站在作业平台上操作。

（4）当吊装作业利用吊车梁等构件作为水平通道时，临空面的一侧应设置连续的栏杆等防护设施。当采用钢索做安全绳时，钢索的一端应采用花兰螺栓收紧；当采用钢丝绳做安全绳时，绳的自然下垂度应不大于绳长的 1/20，并应控制在 100 mm 以内。

（5）钢结构安装施工宜在施工层搭设水平通道，水平通道两侧应设置防护栏杆，当利用钢梁作为水平通道时，应在钢梁一侧设置连续的安全绳，安全绳宜采用钢丝绳。

（6）钢结构、管道等安装施工的安全防护设施宜采用标准化、定型化产品。

86. 模板支撑体系搭设和拆卸时的悬空作业应遵守哪些规定？

模板支撑体系搭设和拆卸时的悬空作业，应遵守下列规定：

（1）模板支撑应按规定的程序进行，不得在连接件和支撑件上攀登上下，不得在上下同一垂直面上装拆模板。

（2）在 2 m 以上高处搭设与拆除柱模板及悬挑式模板时，应设置操作平台。

（3）在进行高处拆模作业时应配置登高用具或搭设支架。

87. 绑扎钢筋和预应力张拉时的悬空作业应遵守哪些规定？

绑扎钢筋和预应力张拉时的悬空作业应遵守下列规定：

（1）绑扎立柱和墙体钢筋，不得站在钢筋骨架上或攀登骨架。

（2）在 2 m 以上的高处绑扎立柱钢筋时，应搭设操作平台。

（3）在高处进行预应力张拉时，应搭设有防护挡板的操作平台。

88. 混凝土浇筑与结构施工时的悬空作业应遵守哪些规定?

（1）浇筑高度 2 m 以上的混凝土结构构件时，应设置脚手架或操作平台。

（2）悬挑的混凝土梁、檐、外墙和边柱等结构施工时，应搭设脚手架或操作平台，并应设置防护栏杆，采用密目式安全立网封闭。

89. 屋面作业时应遵守哪些规定?

（1）在坡度大于 1：2.2 的屋面上作业，当无外脚手架时，应在屋檐边设置不低于 1.5 m 高的防护栏杆，并应采用密目式安全立网全封闭。

（2）在轻质型材等屋面上作业，应搭设临时走道板，不得在轻质型材上行走。安装压型板前，应采取在梁下支设安全平网或搭设脚手架等安全防护措施。

90. 外墙作业时应遵守哪些规定?

（1）门窗作业时，应有防坠落措施，操作人员在无安全防护措施情况下，不得站立在樘子、阳台栏板上作业。

（2）高处安装，不得使用座板式单人吊具。

91. 悬空进行门窗作业时有哪些安全技术要求?

（1）安装门、窗，油漆及安装玻璃时，应禁止操作人员站在樘子、阳台栏板上操作。门、窗临时固定，封填材料未达到规定强度，以及电焊时，严禁手拉门、窗进行攀登。

（2）油漆外开窗扇时，必须将安全带挂在牢固的地方。

（3）安装玻璃应将玻璃放置平稳，其垂直下方禁止通行；安装屋顶采光玻璃，应铺设脚手板或采用其他安全措施；使用的工具放入袋内，不可口含铁钉。

（4）在高处外墙安装门、窗无外脚手架时，应张挂安全平网。无安全平网时，操作人员应系好安全带，其保险钩应挂在操作人员上方可靠物件上。

（5）进行各项窗口作业时，操作人员的重心应位于室内，不可在窗台上站立，必要时应系好安全带。

三、操作平台

92. 什么是操作平台，操作平台分哪些种类？

操作平台为由钢管、型钢或者脚手架等组装搭设制作的供施工现场高处作业和载物的平台，包括移动式、落地式、悬挂式等平台。

移动式平台是指可以在楼面移动的带脚轮的脚手架操作平台，如图4—8所示。

落地式操作平台是指从地面或楼面搭起、不能移动的操作平台，主要有单纯进行施工作业的施工平台和可进行施工作业与承载物料的接料平台。

悬挑式操作平台是指以悬挑形式搁置或固定在建筑物结构边沿的操作平台，主要有斜拉式悬挑操作平台和支承式悬挑操作平台，如图4—9和图4—10所示。

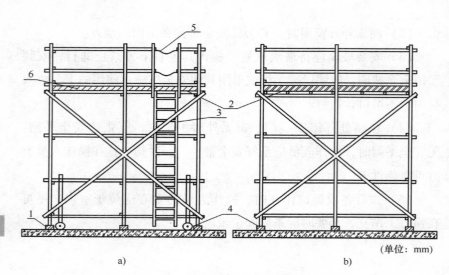

（单位：mm）

a)   b)

图 4—8　移动式操作平台

a）立面图　b）侧面图

1—木楔　2—竹笆或木板　3—梯子　4—带锁脚轮　5—活动防护绳　6—挡脚板

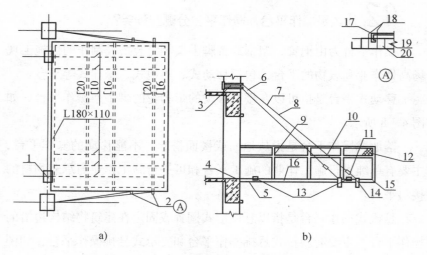

a)   b)

图 4—9　斜拉式的悬挑式操作平台

a）平面图　b）侧面图

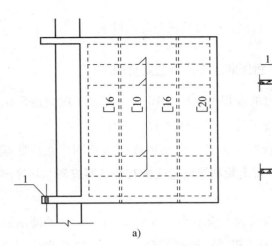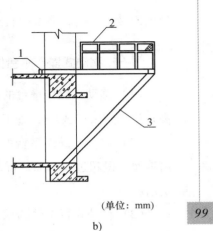

（单位：mm）

99

a)　　　　　　　　　　　b)

图4—10　下支承式的悬挑式操作平台

a）平面图　b）侧面图

1—梁面预埋件　2—栏杆　3—斜撑杆

93. 操作平台作业应符合哪些一般安全规定？

（1）操作平台应进行设计计算，架体构造与材质应满足相关现行国家、行业标准规定。

（2）面积、高度或荷载超过规范规定的，应编制专项施工方案。

（3）操作平台的架体应采用钢管、型钢等组装，并应符合国家标准《钢结构设计规范》（GB 50017-2003）及相关脚手架行业标准规定。平台面铺设的钢、木或竹胶合板等材质的脚手板，应符合强度要求，并应平整满铺及可靠固定。

（4）操作平台的临边应按规定设置防护栏杆，单独设置的操作平台应设置供人上下、踏步间距不大于400 mm的扶梯。

（5）操作平台投入使用时，应在平台的内侧设置标明允许负载值的限载牌，物料应及时转运，不得超重与超高堆放。

94. 移动式操作平台作业应符合哪些安全规定？

（1）移动式操作平台的面积不应超过 10 m²，高度不应超过 5 m，高宽比不应大于 3：1，施工荷载不应超过 1.5 kN/m²。

（2）移动式操作平台的轮子与平台架体连接应牢固，立柱底端离地面不得超过 80 mm，行走轮和导向轮应配有制动器或刹车闸等固定措施。

（3）移动式行走轮的承载力应不小于 5 kN，行走轮制动器的制动力矩应不小于 2.5 N·m，移动式操作平台架体应保持垂直，不得弯曲变形，行走轮的制动器除在移动情况外，均应保持制动状态。

（4）移动式操作平台在移动时，操作平台上不得站人。

（5）移动式操作平台的设计应符合相关标准规定。

95. 落地式操作平台作业应符合哪些规定？

（1）落地式操作平台的架体构造应符合下列规定：

1）落地式操作平台的面积应不超过 10 m²，高度应不超过 15 m，高宽比应不大于 2.5：1。

2）施工平台的施工荷载不应超过 2.0 kN/m²，接料平台的施工荷载不应超过 3.0 kN/m²。

3）落地式操作平台应独立设置，并应与建筑物进行刚性连接，不得与脚手架连接。

4）用脚手架搭设落地式操作平台时其结构构造应符合相关脚手架规范的规定，在立杆下部设置底座或垫板、纵向与横向扫地杆，在外立面设置剪刀撑或斜撑。

5）落地式操作平台应从底层第一步水平杆起逐层设置连墙件且间隔不应大于 4 m，同时应设置水平剪刀撑。连墙件应采用可承受拉力和压力的构造，并应与建筑结构可靠连接。

（2）落地式操作平台的搭设材料及搭设技术要求、允许偏差应符合相关脚手架规范的规定。

（3）落地式操作平台应按相关脚手架规范的规定计算受弯构件强度、连接扣件抗滑承载力、立杆稳定性、连墙杆件强度与稳定性及连接强度、立杆地基承载力等。

（4）落地式操作平台一次搭设高度不应超过相邻连墙件以上两步。

（5）落地式操作平台的拆除应由上而下逐层进行，严禁上下同时作业，连墙件应随工程施工进度逐层拆除。

（6）落地式操作平台应符合有关脚手架规范的规定，检查与验收应符合下列规定：

1）搭设操作平台的钢管和扣件应有产品合格证。

2）搭设前应对基础进行检查验收，搭设中应随施工进度按结构层对操作平台进行检查验收。

3）遇 6 级以上大风、雷雨、大雪等恶劣天气及停用超过一个月恢复使用前应进行检查。

4）操作平台使用中，应定期进行检查。

96. 悬挑式操作平台作业应符合哪些安全规定？

（1）悬挑式操作平台的设置应符合下列规定：

1）悬挑式操作平台的搁置点、拉结点、支撑点应设置在主体结构上，且应可靠连接。

2）未经专项设计的临时设施上，不得设置悬挑式操作平台。

3）悬挑式操作平台的结构应稳定可靠，且其承载力应符合使用要求。

（2）悬挑式操作平台的悬挑长度不宜大于 5 m，承载力需经设计验收。

（3）采用斜拉方式的悬挑式操作平台应在平台两边各设置前后两道斜拉钢丝绳，每一道均应作单独受力计算和设计。

（4）采用支承方式的悬挑式操作平台，应在钢平台的下方设置不少于两道的斜撑，斜撑的一端应支承在钢平台主结构钢梁下，另一端支承在建筑物主体结构上。

（5）采用悬臂梁式的操作平台，应采用型钢制作悬挑梁或悬挑桁架，不得使用钢管，其节点应是螺栓或焊接的刚性节点，不得采用扣件连接。

当平台板上的主梁采用与主体结构预埋件焊接时，预埋件、焊缝均应经设计计算，建筑主体结构需同时满足强度要求。

（6）悬挑式操作平台安装吊运时应使用起重吊环，与建筑物连接固定时应使用承载吊环。

（7）在安装悬挑式操作平台时，钢丝绳应采用专用的卡环连接，钢丝绳卡数量应与钢丝绳直径相匹配，且不得少于 4 个。钢丝绳卡的连接方法应满足规范要求。建筑物锐角、利口周围系钢丝绳处应加衬软垫物。

（8）悬挑式操作平台的外侧应略高于内侧，外侧应安装固定的防护栏杆并应设置防护挡板完全封闭。

（9）不得在悬挑式操作平台吊运、安装时上人。

（10）悬挑式操作平台的构造和设计应符合相关规范的规定。

97. 什么是交叉作业?

交叉作业是指在施工现场的垂直空间呈贯通状态下,凡有可能造成人员或物体坠落的,并处于坠落半径范围内的上下左右不同层面的立体作业。

98. 交叉作业应遵守哪些安全规定?

(1)施工现场立体交叉作业时,下层作业的位置,应处于坠落半径之外,坠落半径如表4—1的规定,模板、脚手架等拆除作业应适当增大坠落半径。当达不到规定时,应设置安全防护棚,下方应设置警戒隔离区。

表4—1   坠落半径(m)

序号	上层作业高度	坠落半径
1	$2 \leqslant h < 5$	3
2	$5 \leqslant h < 15$	4
3	$15 \leqslant h < 30$	5
4	$h \geqslant 30$	6

(2)施工现场人员进出的通道口应搭设防护棚,如图4—11所示。

(3)处于起重设备的起重机臂回转范围之内的通道,顶部应搭设防护棚。

(4)操作平台内侧通道的上下方应设置阻挡物体坠落的隔离防护措施。

（5）防护棚的顶棚使用竹笆或胶合板搭设时，应采用双层搭设，间距不应小于 700 mm；当使用木板时，可采用单层搭设，木板厚度不应小于 50 mm，或可采用与木板等强度的其他材料搭设。防护棚的长度应根据建筑物的高度与可能坠落的半径确定。

（6）当建筑物高度大于 24 m、并采用木板搭设时，应搭设双层防护棚，两层防护棚的间距不应小于 700 mm。

（7）防护棚的架体构造如图 4—12 所示，搭设与材质应符合设计要求。

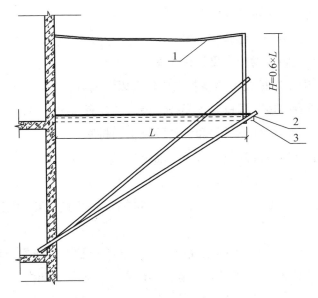

图 4—12 悬挑式防护棚

1—安全平网 2—不小于 50 mm 厚的木板 3—型钢（间距不大于 1.5 mm）

（8）悬挑式防护棚悬挑杆的一端应与建筑物结构可靠连接，并应符合相关规定。

（9）不得在防护棚棚顶堆放物料。

99. 高处作业安全防护设施的验收应满足哪些要求?

（1）建筑施工进行高处作业之前，应进行安全防护设施的逐项检查和验收。验收合格后，方可进行高处作业。验收也可分层进行或分阶段进行。

（2）安全防护设施应由单位工程负责人验收，并组织有关人员参加。

（3）安全防护设施的验收应具备下列资料。

1）施工组织设计及有关验算数据。

2）安全防护设施验收记录。

3）安全防护设施变更记录及签证。

（4）安全防护设施的验收主要包括以下内容：

1）所有临边、洞口等各类技术措施的设置状况。

2）所用的配件、材料和工具的规格和材质。

3）节点构造及其与建筑物的固定情况。

4）扣件和连接件的紧固程度。

5）安全防护设施的用品及设备的性能与质量是否有合格的验证。

（5）安全防护设施的验收应按类别逐项查验，并作好验收记录。凡不符合规定的，必须修整合格后再行查验。施工工期内还应定期进行抽查。

第五部分　高处作业安全管理和事故应急救援

一、高处作业安全防护方案编制和技术交底

100. 高处作业安全防护方案的编审应依照什么程序进行？

　　高处作业安全防护方案是进行高处作业的技术支持和理论依据，因此，方案的编制非常重要。高处作业安全防护方案的编审程序为：企业编审（编制→审核→审批）→监理单位审核→审核存在的问题→企业修改、完善，重复上述步骤直至监理单位通过审核→监理单位审批。

101. 高处作业安全防护方案应由哪些人员编审？

　　（1）高处作业安全防护方案的编制人（企业编制）。《危险性较大工程安全专项施工方案编制及专家论证审查办法》（建质〔2004〕213号）第四条指出，安全专项施工方案的编制人为建筑施工企业专业工程技术人员。也就是说，由施工项目的技术负责人进行高处作业安全防护方案的编制，编制人员应具备本专业中级以上技术职称。非技术人员不得编制安全防护方案。有些项目由专职安全管理人员

（以下简称安全员）编制方案，这是极其错误的做法。项目安全员是对现场安全生产情况进行监督检查的人员，既没有编制安全专项方案的资格，也没有编制方案的能力。

（2）高处作业安全防护方案的审核人（企业审核）。《危险性较大工程安全专项施工方案编制及专家论证审查办法》（建质〔2004〕213号）第四条指出，安全专项施工方案的审核人为施工企业技术部门的专业技术人员及监理单位专业监理工程师。也就是说，方案的审核应由比项目高一级的技术部门的专业技术人员进行，有分公司的企业，可由分公司技术部门的专业技术人员审核；没有分公司的企业，由公司技术部门的专业技术人员进行。对项目部上报的方案，审核人要切实履行职责，认真对方案进行审查、核对（比照相关安全规范、标准）。

（3）高处作业安全防护方案的审批人（企业审批）。高处作业安全防护方案的审批人为企业技术负责人（技术总工）。审核通过的安全防护方案上报企业技术负责人审批。企业技术负责人应严把技术关，切实履行好其职责，对方案的主要技术指标进行认真审查。有些企业在注册地之外设立分公司的，若每个方案都要由企业技术负责人审批，费时费力，不切合实际生产的需要。此情况下，公司可进行授权，即授权分公司的技术负责人对该分公司管辖范围内施工项目的方案进行审批，且必须出具授权文件。高处作业安全防护方案企业审批表见表5—1。

表 5—1　　　　高处作业安全防护方案企业审批表

高处作业安全防护方案		
编制人：＿＿＿＿＿＿＿＿职务＿＿＿＿＿＿＿＿职称＿＿＿＿＿＿＿＿		
审核人：＿＿＿＿＿＿＿＿职务＿＿＿＿＿＿＿＿职称＿＿＿＿＿＿＿＿		
审批人：＿＿＿＿＿＿＿＿职务＿＿＿＿＿＿＿＿职称＿＿＿＿＿＿＿＿		
工程名称：＿＿＿＿＿＿＿＿＿＿＿＿＿＿＿＿＿＿＿＿＿		
施工单位：＿＿＿＿＿＿＿＿＿＿＿＿＿＿＿＿＿＿＿＿＿		

（4）监理单位的审核人。企业对方案进行审批后，将方案报送至监理单位进行审核、审批。监理单位对专项方案的审核人为专业监理工程师。

（5）监理单位的审批人。监理单位对方案的审批人为项目部总监理工程师。专业监理工程师审核合格后应送项目部总监理工程师审批。

有些项目不可由总监理工程师代表对方案进行直接审批。总监理工程师代表根据总监理工程师的授权，行使总监理工程师的部分职责和权利，并应承担相应的责任。总监理工程师不得将"组织审核和确认施工单位提出的安全技术措施、安全专项施工方案及工程项目安全事故应急救援预案"的工作授权于总监理工程师代表。

总监理工程师以下简称总监，总监理工程师代表以下简称总监代表。建设工程专项施工方案报审表见表5—2。

表 5—2　　　　　建设工程专项施工方案报审表

工程名称：　　　　　　　　　　　　　　　　　　　编号：

致_____（监理单位）
我单位已写成_____（部分分项工程）的专项施工方案编制，请予以审查。 附件： 高处作业安全防护方案 施工单位（章）_____ 项目负责人：_____　日期：_____
专业监理工程师审核意见： 专业监理工程师：_____　日期：_____
总监理工程师审查意见： 项目监理单位（章）：_____ 总监理工程师：_____　日期：_____

注：本表由施工单位填写，监理单位、施工单位、建设单位各存一份。

102. 高处作业安全防护方案编制依据有哪些?

（1）编制依据。相关法律、法规、规范性文件、标准及图样（标准图集）、施工组织设计等。

1）法律。包括《中华人民共和国安全生产法》。

2）法规。包括《建设工程安全生产管理条例》（国务院令第393号）、地方法规及其他法规。

3）规范性文件。包括《建筑施工高处作业安全技术规范》（JGJ 80—2016）、《建筑施工扣件式钢管脚手架安全技术规范》（JGJ 130—2011）、《高处作业吊篮》（GB/T 19155—2003）、《龙门架及井架物料提升机安全技术规范》（JGJ 88—2010）等。

4）标准。包括《安全帽》（GB 2811—2007）、《安全带》（GB 6095—2009）、《安全网》（GB 5725—2009）、《高处作业分级》（GB/T 3608—2008）、《建筑施工安全检查标准》（JGJ 59—2011）等。

5）施工组织设计。编制高处作业安全防护方案必须以本项目的施工组织（总）设计为依据，在其基础上进行编制。

（2）对编制依据的要求：

1）一定搜集齐全，尽可能多地搜集必须和可用的编制依据，多方参考，这样编制出的方案才具有理论依据和可操作性。

2）以国家的法律、法规为编制依据，就是要使编制出的方案不与国家的法律、法规相抵触；规范性文件是编制方案最有力的理论依据与基础，具有指导性与针对性；标准也是编制的依据，具有指导性与针对性。

3）在编制方案过程中要严格执行编制依据，不可写一套、做一套，编制依据写得很全，编制时却抛之不用。

110

103. "三宝、四口"作业方案编制内容有哪些?

(1) "三宝"使用。"三宝"使用即安全带、安全帽、安全网的使用。

1) 安全带。在高处作业安全防护方案中,必须明确安全带的使用。进行高处作业时必须正确系挂安全带。方案中应该指出正确使用安全带的方法,哪些是不正确的系挂方法,以便有针对性地对操作人员进行安全技术交底。

2) 安全帽。在高处作业安全防护方案中,必须明确安全帽的使用。进入施工现场的人员必须正确佩戴安全帽。

3) 安全网。方案中应指出使用安全网的部位(密目网、安全平网)和安全网的系挂方法,对安全网的使用、部署,做到心中有数。

(2) "四口"作业。"四口"即电梯井口、预留洞口、通道口、楼梯口等。

1) 电梯井口。方案中应指出电梯井的位置,有几个电梯井。电梯井具体防护设施的设置方法。画出防护设施示意图。安全平网在电梯井中的设置位置,每隔几层设置等问题。

(2) 预留洞口。方案中对各种预留洞口应进行详细的防护设计,对各种尺寸的洞口分类,便于分门别类地进行防护。根据洞口尺寸的大小采用不同防护设施,做到防护设施明确,防护方法明确。可画出每层的预留洞口分布图,做到一目了然,清晰明确;画出各种防护设施示意图。

(3) 通道口。方案中应指出设置通道口的位置,通道口防护棚的设置尺寸,根据在建工程高度,考虑坠落半径来确定防护棚的长度尺寸。

（4）楼梯口。方案中应指出楼梯位置，楼梯口防护设施的设置方法。画出楼梯口的防护示意图。

方案中应指出所有进出人员一律走安全通道，既然是通道就应按规范来搭设，起到应有的作用，若只是随意搭设、不考虑坠落半径的做法是不可取的。画出通道口防护示意图。

104. 临边作业方案编制内容有哪些？

在高处作业安全防护方案中重点则为临边作业防护。在方案中必须详细部署各种临边作业的安全防护，各种临边防护栏杆的设置方法，密目网的设置部位及方法。应画出临边防护栏杆设置示意图。

（1）基坑周边、尚未安装栏杆或栏板的阳台、无女儿墙的屋面周边、框架工程楼层的周边、斜马道两侧边、料台与挑平台周边、雨篷与挑檐边、无外脚手架的屋面与楼层周边及水箱与水塔周边等处。

（2）物料提升机、施工用电梯和脚手架等以及建筑物通道的两侧边。

（3）分层施工的楼梯口和梯段边。

（4）临边作业设置安全网。

（5）脚手架临边作业处的防护，包括脚手板、作业层防护等必须全部进行设计、部署。

（6）垂直起重机械的临边防护，施工现场用到的垂直起重机械应考虑全部的临边作业，施工现场未涉及的不需考虑。

105. 攀登和悬空作业方案编制内容有哪些？

（1）攀登作业。对施工现场采用的登高设施进行部署，尤其是斜道的设计、布置等，要布置出斜道的设置位置，设置方法、坡度、平台等。

（2）悬空作业。以下几种分部分项工程悬空作业的安全防护在方案中必须进行设计、部署。

1）构件吊装和管道安装时的悬空作业。

2）模板支设和拆卸时的悬空作业。

3）钢筋绑扎时的悬空作业。

4）悬空进行门窗作业时（外墙作业）。

5）混凝土浇筑时的悬空作业。

106. 交叉作业方案编制内容有哪些?

以下施工现场涉及的交叉作业必须设计防护设施。

（1）钢模板、脚手架拆除时。

（2）支模、粉刷、砌墙等各工种交叉作业。

（3）人员进出通道。

（4）基坑内的交叉施工。

107. 操作平台施工方案编制内容有哪些?

（1）移动式操作平台。在方案中要对移动式操作平台进行设计、计算、附图。

（2）悬挑式钢平台（卸料平台）。如前所述，悬挑式钢平台应有专项方案，因此，此处不必对悬挑式钢平台进行设计，只需说明其出自的专项方案即可。在专项方案中必须进行设计、计算、附图。

108. 施工安全保证措施的编制内容有哪些?

施工安全保证措施包括组织保障、安全技术措施、应急预案。

（1）组织保障。方案中应明确组织保证体系，分工明确，责任到人。

（2）安全技术措施。方案中要明确安全技术措施。

（3）应急预案。方案中对有可能出现的高处作业安全事故要制定应急救援预案。贯彻"安全第一、预防为主"的安全生产方针。出现事故时积极应对，将事故危害后果降低到最低限度。

将组织保障与应急预案编制到方案中则更体现了责任明确、责任到人；应急预案充实到方案中使方案更加闭合，形成完整的安全防护体系，体现了"安全第一、预防为主"的安全生产方针。

109. 安全技术交底的形式有哪些？

安全技术交底工作，是施工负责人向施工作业人员进行职责人落实的法律要求，应严肃认真地进行，不能流于形式。

安全技术交底工作在正式作业前进行，不仅要口头讲解，而且有书面文字的材料，并履行签字手续。

安全技术交底的表格见表5—3。

表5—3   安全技术交底

工程名称				施工部位或层次	
施工内容		交底项目		交底日期	
交底内容：					
交底人			被交底人		
项目负责人					
执行情况					

安全员：　　年　月　日

110. 安全技术交底的内容包括哪些?

（1）工程名称。填写项目的全称。

（2）施工内容。施工具体内容，如卸料平台、搭设防护栏杆等。

（3）施工部位或层次。填写进度、施工层数等。

（4）交底日期。实际的交底日期。

（5）交底项目。施工内容中的安全技术内容，如搭设防护栏杆的安全技术等。

（6）交底内容。安全技术交底主要包括两个方面的内容：一是在施工方案的基础上，按照施工方案要求，对施工方案进行的细化和补充；二是要将操作者的安全注意事项讲明，保证操作者人身安全。交底内容不可过于简单，千篇一律的口号化，应按分部分项工程和针对作业条件的变化具体进行。因此，要按高处作业安全防护的内容进行具体的交底，交底一定要有针对性，要能真正指导施工。

（7）被交底人。被交底人是安全技术交底的接受人，是施工班的组长。施工班组长接受交底后，在施工前的班前活动中将安全技术交底内容进行传达，使操作人员领会施工的要领。

（8）交底人。交底人为项目的技术负责人。因为高处作业安全防护方案的编制人是项目技术负责人，所以，交底人也应是项目技术负责人。

（9）项目负责人。即项目经理，要签字确认安全技术交底内容。

（10）执行情况。工地安全员应负责检查交底内容的执行落实情况，并将执行情况的综合评语填入"执行情况"栏内。综合评语即施工中是否执行安全技术交底内容等。并签字确认，填上日期。

115

二、高处作业安全检查

111. 安全管理检查评定项目有哪些?

安全管理检查评定保证项目应包括安全生产责任制、施工组织设计及专项施工方案、安全技术交底、安全检查、安全教育、应急救援。一般项目应包括分包单位安全管理、持证上岗、生产安全事故处理、安全标志。

112. 安全管理保证项目的检查评定应符合哪些规定?

安全管理保证项目的检查评定应符合下列规定。

（1）安全生产责任制：

1）工程项目部应建立以项目经理为第一责任人的各级管理人员安全生产责任制。

2）安全生产责任制应经责任人签字确认。

3）工程项目部应有各工种安全技术操作规程。

4）工程项目部应按规定配备专职安全员。

5）对实行经济承包的工程项目，承包合同中应有安全生产考核指标。

6）工程项目部应制定安全生产资金保障制度。

7）按安全生产资金保障制度，应编制安全资金使用计划，并应按计划实施。

8）工程项目部应制定以伤亡事故控制、现场安全达标、文明施工为主要内容的安全生产管理目标。

9）按安全生产管理目标和项目管理人员的安全生产责任制，应进行安全生产责任目标分解。

10）应建立对安全生产责任制和责任目标的考核制度。

11）按考核制度，应对项目管理人员定期进行考核。

（2）施工组织设计及专项施工方案：

1）工程项目部在施工前应编制施工组织设计方案，施工组织设计方案应针对工程特点、施工工艺制定安全技术措施。

2）危险性较大的分部分项工程应按规定编制安全专项施工方案，专项施工方案应有针对性，并按有关规定进行设计计算。

3）超过一定规模，且危险性较大的分部分项工程，施工单位应组织专家对专项施工方案进行论证。

4）施工组织设计、安全专项施工方案，应由有关部门审核，施工单位技术负责人、监理单位项目总监批准。

5）工程项目部应按施工组织设计、专项施工方案组织实施。

（3）安全技术交底：

1）施工负责人在分派生产任务时，应对相关管理人员、施工作业人员进行书面安全技术交底。

2）安全技术交底应按施工工序、施工部位、施工栋号分部分项进行。

3）安全技术交底应结合施工作业场所状况、特点、工序，对危险因素、施工方案、规范标准、操作规程和应急措施进行交底。

4）安全技术交底应由交底人、被交底人、专职安全员进行签字确认。

（4）安全检查：

1）工程项目部应建立安全检查制度。

2）安全检查应由项目负责人组织，专职安全员及相关专业人员参加，定期进行并填写检查记录。

3）对检查中发现的事故隐患应下达隐患整改通知单，定人、定时间、定措施进行整改。重大事故隐患整改后，应由相关部门组织复查。

（5）安全教育：

1）工程项目部应建立安全教育培训制度。

2）当施工人员入场时，工程项目部应组织进行以国家安全法律法规、企业安全制度、施工现场安全管理规定及各工种安全技术操作规程为主要内容的三级安全教育培训和考核。

3）当施工人员变换工种或采用新技术、新工艺、新设备、新材料施工时，应进行安全教育培训。

4）施工管理人员、专职安全员每年度应进行安全教育培训和考核。

（6）应急救援：

1）工程项目部应针对工程特点，进行重大危险源的辨识。应制定以防触电、防坍塌、防高处坠落、防起重机械伤害、防火灾、防物体打击等为主要内容的专项应急救援预案，并对施工现场易发生重大安全事故的部位、环节进行监控。

2）施工现场应建立应急救援组织，培训、配备应急救援人员，定期组织员工进行应急救援演练。

3）按应急救援预案要求，应配备应急救援器材和设备。

113. 安全管理一般项目的检查评定应符合哪些规定？

安全管理一般项目的检查评定应符合下列规定。

（1）分包单位安全管理：

1）总包单位应对承揽分包工程的分包单位进行资质、安全生产许可证和相关人员安全生产资格的审查。

2）当总包单位与分包单位签订分包合同时，应签订安全生产协议书，明确双方的安全责任。

3）分包单位应按规定建立安全机构，配备专职安全员。

（2）持证上岗：

1）从事建筑施工的项目经理、专职安全员和特种作业人员，必须经行业主管部门培训考核合格，取得相应资格证书，方可上岗作业。

2）项目经理、专职安全员和特种作业人员应持证上岗。

（3）生产安全事故处理：

1）当施工现场发生生产安全事故时，施工单位应按规定及时报告。

2）施工单位应按规定对生产安全事故进行调查分析，制定防范措施。

3）应依法为施工作业人员办理保险。

（4）安全标志：

1）施工现场入口处及主要施工区域、危险部位应设置相应的安全警示标志牌。

2）施工现场应绘制安全标志布置图。

3）应根据工程部位和现场设施的变化，调整安全标志牌设置。

4）施工现场应设置重大危险源公示牌。

114. 高处作业吊篮检查评定应符合哪些规定？

（1）高处作业吊篮检查评定应符合《建筑施工工具式脚手架安全技术规范》（JGJ 202—2010）的规定。

（2）检查评定保证项目包括悬挂机构、吊篮平台、施工方案、安全装置、钢丝绳、安装、升降操作。一般项目包括交底与验收、防护、吊篮稳定、荷载。

（3）保证项目的检查评定应符合下列规定：

1）悬挂机构。①悬挑机构的连接销轴规格与安装孔相符并应用锁定销可靠锁定。②悬挑机构稳定，前支架受力点平整，结构强度满足要求。③悬挑机构抗倾覆系数大于等于2。④锚固点结构强度满足要求。⑤配重铁足量稳妥安放。

2）吊篮平台。①吊篮平台组装符合产品说明书要求。②吊篮平台无明显变形和严重锈蚀及大量附着物。③连接螺栓无遗漏并拧紧。

3）操控系统。①供电系统符合施工现场临时用电安全技术规范要求。②电气控制柜各种安全保护装置齐全、可靠，控制器件灵敏可靠。③电缆无破损裸露，收放自如。

4）安全装置。①安全锁灵敏可靠，在标定有效期内，离心触发式制动距离小于等于200 mm，摆臂防倾3°~8°锁绳。②独立设置锦纶安全绳，锦纶绳直径不小于16 mm，锁绳器符合要求，安全绳与结构固定点连接可靠。③吊篮应安装行程限位装置，并应保证限位装置灵敏可靠。不得与吊篮上的任何部位有连接。④超高限位器止挡安装在距顶端80 cm处固定。

5）钢丝绳。①动力钢丝绳、安全钢丝绳及索具的规格型号符合产品说明书要求。②钢丝绳无断丝、断股、松散、硬弯、锈蚀，无油污和附着物。③钢丝绳的安装稳妥可靠。

（4）一般项目的检查评定应符合下列规定：

1）技术资料。①吊篮安装和施工组织方案。②安装、操作人员的资格证书。③防护架钢结构构件产品合格书。④产品标牌内容完整

（产品名称、主要技术性能、制造日期、出厂编号、制造厂名称）。

2）防护。施工现场安全防护措施落实，划定安全区，设置安全警示标识。

115. "三宝、四口"及临边防护检查评定应符合哪些规定?

（1）"三宝、四口"及临边防护检查评定应符合《建筑施工高处作业安全技术规范》（JGJ 80—2016）的规定。

（2）检查评定项目包括安全帽、安全网、安全带、临边防护、洞口防护、通道口防护、攀登作业、悬空作业、移动式操作平台、物料平台、悬挑式钢平台。

（3）检查评定应符合下列规定：

1）安全帽。①进入施工现场的人员必须正确佩戴安全帽。②现场使用的安全帽必须是符合国家相应标准的合格产品。

2）安全网。①在建工程外侧应使用密目式安全立网进行封闭。②安全网的材质应符合规范要求。③现场使用的安全网必须是符合国家标准的合格产品。

3）安全带。①现场高处作业人员必须系挂安全带。②安全带的系挂使用应符合规范要求。③现场作业人员使用的安全带应符合国家标准。

4）临边防护。①作业面边沿应设置连续的临边防护栏杆。②临边防护栏杆应严密、连续。③防护设施应达到定型化、工具式。

5）洞口防护。①在建工程的预留洞口、楼梯口、电梯井口应有防护措施。②防护措施、设施应铺设严密，符合规范要求。③防护设施应达到定型化、工具化。④电梯井内应每隔二层（不大于 10 m）设置一道安全平网。

6）通道口防护。①通道口防护应严密、牢固。②防护棚两侧应设置防护措施。③防护棚宽度应大于通道口宽度，长度应符合规范要求。④建筑物高度超过 30 m 时，通道口防护顶棚应采用双层防护。⑤防护棚的材质应符合规范要求。

7）攀登作业。①梯脚底部应坚实，不得垫高使用。②折梯使用时上部夹角以 35°~45°为宜，设有可靠的拉撑装置。③梯子的制作质量和材质应符合规范要求。

8）悬空作业。①悬空作业处应设置防护栏杆或其他可靠的安全措施。②悬空作业所使用的索具、吊具、料具等设备应为经过技术鉴定或验证、验收的合格产品。

9）移动式操作平台。①操作平台的面积不应超过 10 m^2，高度不应超过 5 m。②移动式操作平台轮子与平台连接应牢固、可靠，立柱底端距地面高度不得大于 80 mm。③操作平台应按规范要求进行组装，铺板应严密。④操作平台四周应按规范要求设置防护栏杆，并设置登高扶梯。⑤操作平台的材质应符合规范要求。

10）物料平台。①物料平台应有相应的设计计算，并按设计要求进行搭设。②物料平台支撑系统必须与建筑结构进行可靠连接。③物料平台的材质应符合规范及设计要求，并应在平台上设置荷载限定标牌。

11）悬挑式钢平台。①悬挑式钢平台应有相应的设计计算，并按设计要求进行搭设。②悬挑式钢平台的搁支点与上部拉结点，必须位于建筑结构上。③斜拉杆或钢丝绳应按要求两边各设置前后两道。④钢平台两侧必须安装固定的防护栏杆，并应在平台上设置荷载限定标牌。⑤钢平台台面、钢平台与建筑结构间铺板应严密、牢固。

116. 建筑高处作业吊篮检查评分表内容是什么?

高处作业吊篮检查评分表见表5—4。

表 5—4 高处作业吊篮检查评分表

序号	检查项目		扣分标准	应得分数	扣减分数	实得分数
1	保证项目	施工方案	未编制专项施工方案或未对吊篮支架支撑处结构的承载力进行验算扣10分 专项施工方案未按规定审核、审批扣10分	10		
2		安全装置	未安装安全锁或安全锁失灵扣10分 安全锁超过标定期限仍在使用扣10分 未设置挂设安全带专用安全绳及安全锁扣,或安全绳未固定在建筑物可靠位置扣10分 吊篮未安装上限位装置或限位装置失灵扣10分	10		
3		悬挂机构	悬挂机构前支架支撑在建筑物女儿墙上或挑檐边缘扣10分 前梁外伸长度不符合产品说明书规定扣10分 前支架与支撑面不垂直或脚轮受力扣10分 前支架调节杆未固定在上支架与悬挑梁连接的结点处扣10分 使用破损的配重件或采用其他替代物扣10分 配重件的重量不符合设计规定扣10分	10		
4		钢丝绳	钢丝绳磨损、断丝、变形、锈蚀达到报废标准扣10分 安全绳规格、型号与工作钢丝绳不相同或未独立悬挂每处扣5分	10		

续表

序号	检查项目		扣分标准	应得分数	扣减分数	实得分数
4		钢丝绳	安全绳不悬垂扣10分 利用吊篮进行电焊作业未对钢丝绳采取保护措施扣6~10分	10		
5	保证项目	安装	使用未经检测或检测不合格的提升机扣10分 吊篮平台组装长度不符合规范要求扣10分 吊篮组装的构、配件不是同一生产厂家的产品扣5~10分	10		
6		升降操作	操作升降人员未经培训合格扣10分 吊篮内作业人员数量超过2人扣10分 吊篮内作业人员未将安全带使用安全锁扣正确挂置在独立设置的专用安全绳上扣10分 吊篮正常使用,人员未从地面进入篮内扣10分	10		
		小计		60		
7	一般项目	交底与验收	未履行验收程序或验收表未经责任人签字扣10分 每天班前、班后未进行检查扣5~10分 吊篮安装、使用前未进行交底扣5~10分	10		
8		防护	吊篮平台周边的防护栏杆或挡脚板的设置不符合规范要求扣5~10分 多层作业未设置防护顶板扣7~10分	10		
9		吊篮稳定	吊篮作业未采取防摆动措施扣10分 吊篮钢丝绳不垂直或吊篮距建筑物空隙过大扣10分	10		

序号	检查项目		扣分标准	应得分数	扣减分数	实得分数
10	荷载		施工荷载超过设计规定扣5分 荷载堆放不均匀扣10分 利用吊篮作为垂直运输设备扣10分	10		
	小计			40		
检查项目合计				100		

117. 建筑"三宝、四口"及临边防护检查评分表内容是什么？

建筑"三宝、四口"及临边防护检查评分表见表5—5。

表5—5　　建筑"三宝、四口"及临边防护检查评分表

序号	检查项目	扣分标准	应得分数	扣减分数	实得分数
1	安全帽	作业人员不戴安全帽每人扣2分 作业人员未按规定佩戴安全帽每个扣1分 安全帽不符合标准每项扣1分	10		
2	安全网	在建工程外侧未采用密目式安全网封闭或网间不严扣10分 安全网规格、材质不符合要求扣10分	10		
3	安全带	作业人员未系挂安全带每人扣5分 作业人员未按规定系挂安全带每人扣3分 安全带不符合标准每条扣2分	10		
4	临边防护	工作面临边无防护每处扣5分 临边防护不严或不符合规范要求每处扣5分 防护设施未形成定型化、工具化扣5分	10		

126

序号	检查项目	扣分标准	应得分数	扣减分数	实得分数
5	洞口防护	在建工程的预留洞口、楼梯口、电梯井口，未采取防护措施每处扣 3 分 防护措施、设施不符合要求或不严密每处扣 3 分 防护设施未形成定型化、工具化扣 5 分 电梯井内每隔两层（不大于 10 m）未设置安全平网每处扣 5 分	10		
6	通道口防护	未搭设防护棚或防护不严、不牢固可靠每处扣 5 分 防护棚两侧未进行防护每处扣 6 分 防护棚宽度不大于通道口宽度每处扣 4 分 防护棚长度不符合要求每处扣 6 分 建筑物高度超过 30 m，防护棚顶未采用双层防护每处扣 5 分 防护棚的材质不符合要求每处扣 5 分	10		
7	攀登作业	移动式梯子的梯脚底部垫高使用每处扣 5 分 折梯使用未有可靠拉撑装置每处扣 5 分 梯子的制作质量或材质不符合要求每处扣 5 分	5		
8	悬空作业	悬空作业处未设置防护栏杆或其他可靠的安全设施每处扣 5 分 悬空作业所用的索具、吊具、料具等设备，未经过技术鉴定或验证、验收每处扣 5 分	5		
9	移动式操作平台	操作平台的面积超过 10 m^2 或高度超过 5 m 扣 6 分 移动式操作平台，轮子与平台的连接不牢固可靠或立柱底端距离地面超过 80 mm 扣 10 分 操作平台的组装不符合要求扣 10 分	10		

续表

序号	检查项目	扣分标准	应得分数	扣减分数	实得分数
9	移动式操作平台	平台台面铺板不严扣 10 分 操作平台四周未按规定设置防护栏杆或未设置登高扶梯扣 10 分 操作平台的材质不符合要求扣 10 分	10		
10	物料平台	物料平台未编制专项施工方案或未经设计计算扣 10 分 物料平台搭设不符合专项方案要求扣 10 分 物料平台支撑架未与工程结构连接或连接不符合要求扣 8 分 平台台面铺板不严或台面层下方未按要求设置安全平网扣 10 分 材质不符合要求扣 10 分 物料平台未在明显处设置限定荷载标牌扣 3 分	10		
11	悬挑式钢平台	悬挑式钢平台未编制专项施工方案或未经设计计算扣 10 分 悬挑式钢平台的搁支点与上部拉结点，未设置在建筑物结构上扣 10 分 斜拉杆或钢丝绳，未按要求在平台两边各设置两道扣 10 分 钢平台未按要求设置固定的防护栏杆和挡脚板或栏板扣 10 分 钢平台台面铺板不严，或钢平台与建筑结构之间铺板不严扣 10 分 平台上未在明显处设置限定荷载标牌扣 6 分	10		
检查项目合计			100		

118. 安全平网架设验收表如何填写?

安全平网架设验收表填写示范见表 5—6。

表 5—6　　　　　　　　　　　　安全平网架设验收表

工程名称		验收位置	
序号	验收项目	验收内容	验收结果
1	安全网质量	安全网必须有出厂合格证和安全监管部门颁发的准用证，使用前进行冲击试验符合要求，有试验报告	
2	脚手架兜网	脚手架首层必须设置兜网，每隔 10 m 再设一道	
3	电梯井、采光井、烟囱、水塔、螺旋楼梯	首层及每隔两层最多 10 m 设置一道固定平网	
4	平面洞口	洞口短边长度超过 1.5 m，架设固定平网	
5	系结点	系结点沿网边均匀分布，其距离不得大于 75 cm，系绳裂张力不得低于 7354.5 N	
6	网内杂物	经常清理落物，保持网内无杂物	
验收意见： 　　　　年　月　日		项目负责人	
		技术负责人	
		架设负责人	
		安全员	

119. 密目式安全立网架设验收表如何填写?

密目式安全立网架设验收表填写示范见表 5—7。

表 5—7　　　　　　　　　　　密目式安全立网架设验收表

工程名称		验收位置	
序号	验收项目	验收内容	验收结果
1	网质量	每 100 cm^2 面积不少于 2 000 目，有产品合格证、生产许可证等有效证件	
		使用前做耐贯穿和冲击试验并符合要求，有试验报告	

工程名称		验收位置	
序号	验收项目	验收内容	验收结果
2	挂设	密目式安全立网应设置在脚手架外立杆内侧，并挂设严密	
3	绑扎	密目式安全立网应用符合规定的纤维绳或12~14号铅丝绑扎在立杆或大横杆上，绑扎要牢固	

验收意见：		项目负责人	
		技术负责人	
年　月　日		架设负责人	
		安全员	

120. 安全防护设施验收表如何填写？

安全防护设施验收表填写示范见表5—8。

表5—8　　　　　　安全防护设施验收表

工程名称		验收位置	
序号	验收项目	验收内容	验收结果
1	楼梯口防护	楼梯口、梯段边必须设置牢靠的防护栏杆	
		防护栏杆由上、下两道横杆及栏杆柱组成，尺寸符合规范要求	
		防护栏杆用材符合规范要求	
2	电梯口防护	电梯井口应设可靠的防护栏杆或固定栅门，梯井内每隔两层或每10 m设一道安全平网	
3	预留洞口防护（边长大于等于1.5 m）	洞口四周应设可靠的防护栏杆和18 cm高的挡脚板，洞口下张设安全平网。防护栏杆设置及用材与楼梯口的防护要求相同	

续表

序号	工程名称 验收项目	验收内容	验收位置 验收结果
4	预留洞口防护 （边长小于1.5 m）	洞口应用坚实的盖板盖住或采用钢管、钢筋构成防护网格，满铺脚手板，并有固定措施，防止挪动、移动	
5	通道口防护	通道口应设置牢靠的防护棚，防护棚的宽度应大于通道口，长度应按建筑高度坠落半径设置。建筑高度超过24 m，防护棚应设双层，间距应大于60 cm	
6	阳台、楼板、屋面等临边防护	阳台、楼板、屋面等临边应设置牢靠的防护栏杆。防护栏杆设置及用材与楼梯口防护要求相同	
		坡度大于1：2.2的屋面，防护栏杆高度为1.5 m，并挂密目式安全立网	
7	临街防护	临街面的临边应设牢靠的防护栏杆，敞口立面应采取可靠措施进行全封闭处理	

验收意见：		
	项目负责人	
	技术负责人	
年 月 日	搭设负责人	
	安全员	

三、高处作业事故应急救援

121. 施工现场伤亡事故的类别有哪些？

所谓事故，就是人们在进行有目的的行动过程中，发生了违背人们意愿的不幸事件，使其有目的的行动暂时或永久地停止。《企业职工伤亡事故分类》（GB 6441—1986）中把事故分为以下 20 类：

（1）物体的打击，指落物、锤击、滚石、碎裂崩块、碰伤等伤害，包括因爆炸而引起的物体打击。

（2）机具的伤害，包括碾、绞、碰、戳、割等。

（3）车辆的伤害，包括挤、撞、压、倾覆等。

（4）触电，包括雷击伤害。

（5）起重机械的伤害，指起重设备或操作过程中所引起的伤害。

（6）灼烫。

（7）淹溺。

（8）火灾。

（9）坍塌，包括建筑物、土石方倒塌、堆置物等。

（10）高处坠落，包括从架子、屋架上坠落以及从平地坠入地坑等。

（11）冒顶。

（12）放炮。

（13）透水。

（14）火药爆炸，指生产、运输、储藏过程中发生的爆炸。

（15）瓦斯爆炸，包括煤粉爆炸。

（16）锅炉爆炸。

（17）容器爆炸。

（18）其他爆炸，包括化学爆炸、钢水包爆炸、炉膛爆炸等。

（19）中毒和窒息，指煤气、沥青、油气、化学品、一氧化碳中毒等。

（20）其他伤害，包括跌伤、扭伤、野兽咬伤等。

122. 如何预防高处坠落伤害事故？

（1）采用新工艺、新技术、新材料和新设备的，应按规定对作业人员进行相关安全技术交底。

（2）所有高处作业人员都应接受高处作业安全知识的教育，高处特种作业人员须持证上岗。

（3）施工单位应为作业人员提供合格的安全帽、安全带等必备的安全防护用具，作业人员须按规定正确佩戴和使用。

（4）高处作业人员应经过体检，合格后才可上岗。

（5）施工单位应按类别，有针对性地将各类安全警示标志悬挂于施工现场各相应部位，夜间须设红灯示警。

（6）高处作业前，应由项目分管负责人组织有关部门对安全防护设施进行验收，经验收合格签字后，才可作业。安全防护设施应做到定型化、工具化，防护栏杆以黄黑（或红白）相间的条纹标示，盖件等以黄（或红）色标示。

（7）需要临时拆除或变动安全设施的，应经项目分管负责人审批签字，并组织有关部门验收，经验收合格签字后，才可实施。

123. 施工现场应急救援应遵循哪些原则？

安全事故抢救的原则是应及时、得当和有效。施工单位负责人接到事故报告后，要做到：

（1）千方百计防止事故扩大，尽可能减少人员伤亡和财产损失。

（2）根据应急救援预案和事故的具体情况，应迅速采取有效措施，组织抢救。

（3）严格执行有关救护规程和规定，严禁救援过程中违章指挥和冒险作业，以防止救护中的伤亡和财产损失。

（4）任何单位和个人都应当支持、配合事故的抢救工作，为事故抢救提供一切便利条件。

（5）注意保护事故现场，不得故意破坏现场、毁灭有关证据。

124. 施工现场应急救援应按照哪些步骤进行？

（1）调查事故现场，首先确保实施救助人员和伤病员以及其他人员无任何危险，迅速将伤病员救离危险场所。

（2）初步检查伤病员，判断其神志、呼吸循环的情况，必要时立即进行现场急救和监护，使伤病员保持呼吸道畅通，视情况采取有效的止血、防止休克、包扎伤口、固定、保管好断离的器官和组织、预防感染、止痛等措施。

（3）呼救。立即请人拨打急救电话"120"，呼叫救护车，施救人员可继续急救，一直到救护人员或者其他施救者到达现场接替为止。

（4）即使未发现危及伤病员的体征，也要进行第二次检查，以免遗漏其他的损伤、骨折和病变。

125. 高处坠落摔伤应如何进行急救？

（1）坠落在地的伤员，应初步检查伤情，不可搬动摇晃，应立即呼叫"120"前来救治。

（2）采取初步救护措施，止血、包扎、固定。

（3）怀疑脊柱骨折，按脊柱骨折的搬运原则。脊柱骨包括颈椎、胸椎、腰椎等，脊柱骨折伤员如果现场急救处理不当，会增加伤者痛苦，造成不可挽回的后果。特别是背部被物体打击后，有脊柱骨折的可能。急救时可用木板、担架搬运，让伤者仰躺。无担架、木板需众人用手搬运时，抢救者必须有一人双手托住伤者腰部，切忌单独一人用拉、拽的方法来抢救，若把受伤者的脊柱神经拉断，会造成下肢永久性瘫痪的严重后果。也不可一人抱胸，一人扶腿搬运，伤员上下担架应由 3~4 人分别抱住头、胸、臀、腿，保持动作一致平稳，避免脊柱弯曲扭动，加重伤情。

126. 骨折应如何进行急救?

骨折分为闭合性骨折与开放性骨折两大类。前者骨折端不与外界相通，后者骨折端与外界相通。从受伤的程度来说，开放性骨折一般伤情比较严重。遇有骨折类伤害，进行紧急处理后，再送医院抢救。

为了保证伤员在运送途中的安全，防止断骨刺伤周围的神经和血管组织，加重伤员的痛苦，对骨折进行处理的基本原则是尽量不让骨折肢体活动。因此，要利用一切可利用的条件，及时、正确地对骨折做好临时固定。临时固定应注意以下事项：

（1）不要把刺出的断骨送回伤口，以免感染和刺破血管以及神经。

（2）如有开放性伤口和出血，应先止血和包扎伤口，再进行骨折固定。

（3）固定动作要轻，最好不要随意移动伤肢或翻动伤员，以免加重损伤，增加疼痛。

（4）夹板或硬质材料不能与皮肤直接接触，要用棉花或代替品垫好，避免局部受压。

（5）搬运时要轻、稳、快，避免震荡，并随时注意伤者的病情变化。没有担架时，可利用门板、椅子、梯子等制作简单的担架运送。

127. 上报事故时应遵守哪些规定?

（1）事故发生后，事故现场有关人员应当立即向本单位负责人报告；单位负责人接到报告后，应当于1 h内向事故发生地县级以上人民政府安全生产监督管理部门和负有安全生产监督管理职责的有关部门报告。

情况紧急时，事故现场有关人员可以直接向事故发生地县级以上人民政府安全生产监督管理部门和负有安全生产监督管理职责的有关部门报告。

（2）安全生产监督管理部门和负有安全生产监督管理职责的有关部门接到事故报告后，应当依照下列规定上报事故情况，并通知公安机关、劳动保障行政部门、工会和人民检察院：

1）特别重大事故、重大事故逐级上报至国务院安全生产监督管理部门和负有安全生产监督管理职责的有关部门。

2）较大事故逐级上报至省、自治区、直辖市人民政府安全生产监督管理部门和负有安全生产监督管理职责的有关部门。

3）一般事故上报至设区的市级人民政府安全生产监督管理部门和负有安全生产监督管理职责的有关部门。

安全生产监督管理部门和负有安全生产监督管理职责的有关部门依照前款规定上报事故情况，应当同时报告本级人民政府。国务院安全生产监督管理部门和负有安全生产监督管理职责的有关部门以及省级人民政府接到发生特别重大事故、重大事故的报告后，应当立即报告国务院。

必要时，安全生产监督管理部门和负有安全生产监督管理职责的有关部门可以越级上报事故情况。

（3）安全生产监督管理部门和负有安全生产监督管理职责的有关部门逐级上报事故情况，每级上报的时间不得超过 2 h。

（4）事故报告后出现新情况的，应当及时补报。自事故发生之日起 30 日内，事故造成的伤亡人数发生变化的，应当及时补报。道路交通事故、火灾事故自发生之日起 7 日内，事故造成的伤亡人数发生变化的，应当及时补报。

128. 如何分析事故原因?

（1）属于下列情况者为直接原因：

1）机械、物质或环境的不安全状态。根据《企业职工伤亡事故分类》（GB6441—1986）的规定，不安全状态分类表见表 5—9。

表 5—9   不安全状态分类表

序号	类别	具体不安全状态
1	防护、保险、信号等装置缺乏或有缺陷	（1）无防护：无防护罩、无安全保险装置、无报警装置、无安全标志、无护栏或护栏损坏、未接地、绝缘不良、风扇无消音系统、噪声大、危房内作业、未安装防止"跑车"的挡车器或挡车栏。 （2）防护不当：防护罩未在适当位置、防护装置调整不当、坑道掘进、隧道开凿支撑不当、防爆装置不当、采伐、集材作业安全距离不够、放炮作业隐蔽所有缺陷、电气装置带电部分裸露
2	设备、设施、工具、附件有缺陷	（1）设计不当，结构不符合安全要求：通道门遮挡视线、制动装置有缺陷、安全间距不够、拦车网有缺陷、工件有锋利毛刺、毛边、设施上有锋利倒棱 （2）强度不够：机械强度不够、绝缘强度不够、起吊重物的绳索不符合安全要求 （3）设备在非正常状态下运行：设备带"病"运转、超负荷运转

序号	类别	具体不安全状态
2	设备、设施、工具、附件有缺陷	（4）维修、调整不良：设备失修、地面不平、保养不当、设备失灵
3	个人防护用品用具——防护服、手套、护目镜及面罩、呼吸器官护具、听力护具、安全带、安全帽、安全鞋等缺少或有缺陷	（1）无个人防护用品、用具 （2）所用的防护用品、用具不符合安全要求
4	生产（施工）场地环境不良	（1）照明光线不良：照度不足、作业场地烟雾、尘弥漫、视物不清、光线过强 （2）通风不良：无通风、通风系统效率低、风流短路、停电停风时放炮作业、瓦斯排放未达到安全浓度放炮作业、瓦斯超限 （3）作业场所狭窄 （4）作业场地杂乱：工具、制品、材料堆放不安全、采伐时，未开"安全道"，迎门树、坐殿树、搭挂树未做处理 （5）交通线路的配置不安全 （6）操作工序设计或配置不安全 （7）地面滑：地面有油或其他液体、冰雪覆盖、地面有其他易滑物 （8）储存方法不安全 （9）环境温度、湿度不当

2）人的不安全行为。根据《企业职工伤亡事故分类》（GB6441—1986）附录的规定，不安全行为分类表见表5—10。

表 5—10　　　　　　　　不安全行为分类表

序号	类别	具体不安全行为
1	操作错误，忽视安全，忽视警告	（1）未经许可开动、关停、移动机器 （2）开动、关停机器时未给信号 （3）开关未锁紧，造成意外转动、通电或泄漏等

138

序号	类别	具体不安全行为
1	操作错误，忽视安全，忽视警告	（4）忘记关闭设备 （5）忽视警告标志、警告信号 （6）操作错误（指按钮、阀门扳手、把柄等的操作） （7）奔跑作业 （8）供料或送料速度过快 （9）机械超速运转 （10）违章驾驶机动车 （11）酒后作业 （12）客货混载 （13）冲压机作业时，手伸进冲压模 （14）工件紧固不牢 （15）用压缩空气吹铁屑 （16）其他
2	造成安全装置失效	（1）拆除了安全装置 （2）安全装置堵塞，失掉了作用 （3）调整的错误造成安全装置失效 （4）其他
3	使用不安全设备	（1）临时使用不牢固的设施 （2）使用无安全装置的设备 （3）其他
4	手代替工具操作	①用手代替手动工具 ②用手清除切屑 ③不用夹具固定、用手拿工件进行机加工
5	物体（指成品、半成品、材料、工具、切屑和生产用品等）存放不当	—
6	冒险进入危险场所	（1）冒险进入涵洞 （2）接近漏料处（无安全设施） （3）采伐、集材、运材、装车时，未离危险区 （4）未经安全监察人员允许进入油罐或井中 （5）未"敲帮问顶"开始作业 （6）冒进信号 （7）调车场超速上下车

续表

序号	类别	具体不安全行为
6	冒险进入危险场所	（8）易燃易爆场合明火 （9）私自搭乘矿车 （10）在绞车道行走 （11）未及时瞭望
7	攀、坐不安全位置（如平台护栏、汽车挡板、吊车吊钩）	—
8	在起吊物下作业、停留	—
9	机器运转时加油、修理、检查、调整、焊接、清扫等	—
10	有分散注意力行为	—
11	在必须使用个人防护用品用具的作业或场合中，忽视其使用	（1）未戴护目镜或面罩 （2）未戴防护手套 （3）未穿安全鞋 （4）未戴安全帽 （5）未佩戴呼吸护具 （6）未佩戴安全带 （7）其他
12	不安全装束	（1）在有旋转零部件的设备旁作业，穿过肥大服装 （2）操纵带有旋转零部件的设备时戴手套 （3）其他
13	对易燃，易爆等危险物品处理错误	—

（2）属下列情况者为间接原因：

1）技术和设计上有缺陷。工业构件、建筑物、机械设备、仪器仪表、工艺过程、操作方法、维修检验等的设计、施工和材料使用存在问题。

2）教育培训不够，未经培训，缺乏或不懂安全操作技术知识。

3）劳动组织不合理。

4）对现场工作缺乏检查或指导错误。

5）没有安全操作规程或安全操作规程不健全。

6）没有或不认真实施事故防范措施，对事故隐患整改不力。

7）其他。

在分析事故时，应从直接原因入手，逐步深入到间接原因，从而掌握事故的全部原因，再分清主次，进行责任分析。

参 考 文 献

［1］高秋利主编. 碗扣式钢管脚手架施工现场实用手册［M］. 北京：中国建筑工业出版社，2012.

［2］建筑施工现场安全读本系列丛书编委会编著. 施工现场高处作业安全读本. 北京：中国建筑工业出版社，2016.

［3］钱家庆编. 漫画高处作业［M］. 北京：中国电力出版社，2015.

［4］杜景鸣主编. 高处作业吊篮操作工安全技术和安全管理实用教程［M］. 北京：中国建筑出版社，2015.

［5］黄锐锋著. 施工用电高处作业检查要点图解［M］. 北京：中国建筑工业出版社，2015.

［6］张新主编. 高处作业通信线路专业篇［M］. 北京：人民邮电出版社，2012.

［7］王洪德，刘书兴编. 施工现场高处作业安全300问［M］. 北京：中国电力出版社，2013.

［8］《全国特种作业人员安全技术培训考核通编教材》编委会编著. 高处作业［M］. 北京：气象出版社，2011.

［9］辽宁省建设科学研究院编. 高处作业吊篮安装拆卸工［M］. 沈阳：白山出版社，2009.

［10］张华著. 建筑施工高处作业机械安全使用与事故分析［M］. 北京：中国建筑工业出版社，2011.

［11］郭刚，李富强主编. 电力设备检修高处作业防坠落措施［M］. 北京：中国电力出版社，2011.

［12］住房和城乡建设部工程质量安全监管司组织编写. 高处作业吊篮安装拆卸工［M］. 北京：中国建筑工业出版社，2010.

［13］夏秀英主编. 建筑施工高处作业的危险认知与预防［M］. 北京：中国建筑工业出版社，2010.

［14］李德明主编. 高处作业［M］. 南京：东南大学出版社，2006.

［15］窦汝伦编著. 建筑起重机械施工升降机物料提升机高处作业吊篮［M］. 北京：中国环境科学出版社，2009.

［16］余虹云，李瑞编. 电力高处作业防坠落技术［M］. 北京：中国电力出版社，2008.

［17］余虹云编著. 登高作业器具及防护技术［M］. 杭州：浙江大学出版社，2016.

［18］王作成，杨庆丰主编. 黑龙江省安全生产监督管理局安全科学技术研究中心编写. 登高作业［M］. 哈尔滨：哈尔滨地图出版社，2006.

［19］国家安全生产监督管理总局职业安全技术培训中心编写. 登高作业初训复训［M］. 北京：中国三峡出版社，2005.

［20］沈振国，朱兆华编著. 登高作业安全技术问答［M］. 北京：化学工业出版社，2009.

［21］变电站登高作业及防护器材技术要求［M］. 北京：中国电力出版社，2014.

［22］李庆林主编. 架空送电线路跨越放线施工工艺设计手册［M］. 北京：中国电力出版社，2011.

［23］宋功业等编著. 施工现场安全防护与伤害急救［M］. 北京：中国电力出版社，2012.